# अंतरिक्ष एक खोज

# अंतरिक्ष एक खोज

डॉ. राजश्री विनोद बोथले

साईन्टिफिक
पब्लिशर्स

प्रकाशक
**साईन्टिफिक पब्लिशर्स (इण्डिया)**
5-ए, न्यू पाली रोड, पो. बा. नं. 91
जोधपुर-342001 (राज.)
टेलिफोन: 0291-2433323
E-mail: info@scientificpub.com



लेखिका: डॉ. राजश्री विनोद बोथले
मुख पृष्ठ डिज़ाइन: विनोद बोथले
पार्श्व पृष्ठ डिज़ाइन: जाई आपटे
संकल्पना एवं अन्य चित्रण: राजश्री विनोद बोथले



ISBN: 978-93-89412-00-0
eISBN: 987-93-89412-01-7

Visit the Scientific Publishers (India)
website at: http://www.scientificpub.com
भारत में मुद्रित

# दो शब्द

सृष्टि में सभी प्रकार के ज्ञान का आरंभ मानव के मन में उठने वाले प्रश्नों से हुआ है? कब, क्यों, कहाँ, किसलिए जैसे प्रश्नों के हल खोजते-खोजते हम छोटे छोटे अणुओं के अंदर से लेकर सितारों के परे असीम अंतरिक्ष में प्रवेश करते चले जा रहे हैं। इस पुस्तक का उद्देश्य बचपन से ही हमारे मन में अंतरिक्ष के प्रति जागने वाली सहज जिज्ञासाओं का उत्तर देते हुये, ज्ञान के साथ-साथ रुचि का भी संवर्धन करना है, जो इस अत्यंत तकनीकी विषय को सहज, सुगम्य और रोचक बनाने से ही संभव हो सकता है। इसीलिए यह पुस्तक मैंने संवाद शैली में लिखी है।

विज्ञान और गणित से जुड़े भारत के प्राचीन ग्रन्थों में भी हमें यह संवाद शैली देखने को मिलती है। उदाहरणतः, गणितज्ञ भास्कर का ग्रंथ 'लीलावती' है, जिसमें उन्होंने गणित जैसे जटिल विषय को भी अपनी पुत्री लीलावती के साथ संवाद और प्रश्न / उत्तर के रूप में प्रस्तुत किया है।

अंतरिक्ष का रहस्य हम सभी को रोमांचित करता है। बचपन से ही चाँद, तारे, सूरज हमें आकर्षित करते हैं और अनबूझे प्रश्न घेरने लगते हैं। बच्चों का मार्गदर्शन करने की जिम्मेदारी परिवार जनों की, घर के बड़ों की होती है। ऐसे में परिवार का बड़ा दायित्व बनता है कि वह अपने बच्चों में वैज्ञानिक सोच का विकास करे। मेरी पुस्तक के काल्पनिक परिवार में एक छोटा पर उत्सुक बच्चा बंटी और उसकी बड़ी बहन रिमझिम है जिनमें जिज्ञासा कूट-कूट कर भरी है। घर के बड़े यानि नयना बुआ, दादाजी और रमन चाचा हर तरह से इनके प्रश्नों का उत्तर ढूंढ कर जिज्ञासा का समाधान करते हैं।

वे प्रश्नों के उत्तर देने में कभी पुस्तकालय की शरण में जाते हैं तो कभी अपने दोस्तों की सहायता लेते हैं।

मेरी पुस्तक के जिज्ञासु बच्चे आकाशगंगा और सौरमंडल से गुजरते हुए अंतरिक्षयानों, उपग्रहों और अंतरिक्ष यात्रियों के बारे में अपने प्रश्नों का उत्तर प्राप्त करते हैं। भारतीय अंतरिक्ष अनुसंधान संगठन के बारे में जानकारी लेकर ये भारतीय प्रक्षेपण यान और भारतीय उपग्रहों के बारे में सीखते हैं। कुछ नई–नई रोचक बातें बताने का प्रयास भी मैंने इस पुस्तक में किया है। इस पुस्तक में दिए गए अधिकांश चित्र हाथ से बनाए गए हैं और रोचक दिखें इसका पूरा ध्यान रखा गया है।

इस पुस्तक की यात्रा में मुझे श्रीमती प्रतिभा पाध्ये और डॉ शांतिस्वरूप गुप्ता का सहयोग मिला है। पुस्तक को पूर्ण करने में मेरे बेटे अंतरिक्ष और पति विनोद का सहयोग रहा जिन्होंने बारीकी से पुस्तक के प्रारूप का हर पहलू जांचा। मैं डॉ बी. गोपालाकृष्णा, पूर्व उप निदेशक (डी.डी.पी.ए.डब्ल्यू.ए.ए., एन.आर.एस.सी.) को विशेष धन्यवाद देना चाहूँगी, जिन्होंने पुस्तक को अंतिम रूप देने में मेरा मार्ग दर्शन किया। सुश्री मीनाक्षी सक्सेना की सहायता के बिना यह पुस्तक अपने अंतिम रूप तक नहीं पहुँच सकती थी। मुझे आशा है कि यह पुस्तक सभी आयु वर्ग के पाठकों को आकर्षित करेगी और उनमें अंतरिक्ष, अंतरिक्ष विज्ञान और प्रौद्योगिकी के प्रति रुचि जागृत करेगी।

**डॉ. राजश्री विनोद बोथले**

# अनुक्रमणिका

*अध्याय* **1**

# आकाशगंगा

बिरला तारामंडल में बहुत भीड़ जमा थी। कई कक्षा के बच्चों को वहाँ घुमाने लाया गया था। संग्रहालय, विज्ञान केंद्र और कला दीर्घा देखने के बाद बच्चे तारामंडल में त्रि-आयामी विज्ञान का शो देखने गए। अंदर पूरा अंधेरा कर जैसे ही शो प्रारम्भ हुआ तो अर्ध वृत्ताकार छत पर तारे चमकने लगे। बंटी विस्मय पूर्वक सब कुछ देखता रहा। तारामंडल से निकलने के बाद गुरुजी ने बताया कि अगले हफ्ते सभी को आकाशगंगा पर लेख लिख कर लाना है। स्कूल से आकर बंटी ने बस्ता कमरे में रखा और रिमझिम के पास गया। रिमझिम को उसने तारामंडल के बारे में बताया।

**चित्र-1.1: तारामंडल की काल्पनिक छवि**

**रिमझिमः** बंटी, ये तो बहुत बढ़िया हुआ। मैं भी पिछले वर्ष तारामंडल गई थी। हमें तब आकाशगंगा पर फिल्म दिखाई गई थी ।

**बंटीः** रिमझिम ये आकाशगंगा क्या है? गुरुजी ने हमें इस पर लेख लिखने को कहा है ।

**रिमझिमः** मुझे केवल ये पता है कि आकाशगंगा हमारी गैलेक्सी का नाम है।

**बंटीः** ये गैलेक्सी क्या होती है?

**रिमझिमः** मुझे नहीं पता, तू भाग यहाँ से।

**बंटीः** बुआ जी, नयना बुआ। देखो न रिमझिम मुझे आकाशगंगा के बारे में नहीं बता रही।

**रिमझिमः** बुआ, मुझे खुद नहीं पता तो इसे क्या बताऊँ ?

**नयनाः** गलत बात रिमझिम। आओ तुम दोनों यहाँ बैठो। मैं बताती हूँ तुम्हें गैलेक्सी और आकाशगंगा के बारे में। हम पृथ्वी पर रहते हैं और आसमान में चमकते तारों को तुम सबने देखा है। लोग कहते हैं न, तारों के आगे जहां और भी है, पर क्या यह सोचा है कि वास्तव में तारों के आगे और क्या है? हमारी पृथ्वी, हमारा सूर्य एक गैलेक्सी का भाग है। गैलेक्सी, तारों, डार्क मैटर, निहारिका (Nebulae) और अन्य खगोलीय पिंडों का समूह है जिसमें अरबों, खरबों तारे हैं। ये तारे गुरुत्व बल और डार्क मैटर द्वारा एक दूसरे से जुड़े होते हैं। ब्रह्मांड के दिखने वाले भाग का करीबन 80 प्रतिशत डार्क मैटर है जो एक रहस्यमयी, न दिखने वाला पदार्थ है और जो प्रकाश या ऊर्जा को उत्सर्जित नहीं करता। पूरे ब्रह्मांड में अरबों, खरबों गैलेक्सी हैं, जिसमें से हमारी आकाशगंगा एक है। आकाशगंगा स्थानीय समूह का अंश है। स्थानीय समूहों के मिलने से सुपर समूह बनता है जिसमें 100 से अधिक गैलेक्सी हैं, जो 11 करोड़ प्रकाशवर्ष व्यास में फैली हैं। इस सुपर समूह को वर्गो (कन्या) समूह के नाम से जाना जाता है। चित्र में गैलेक्सी की काल्पनिक छवि दिखाई गयी है।

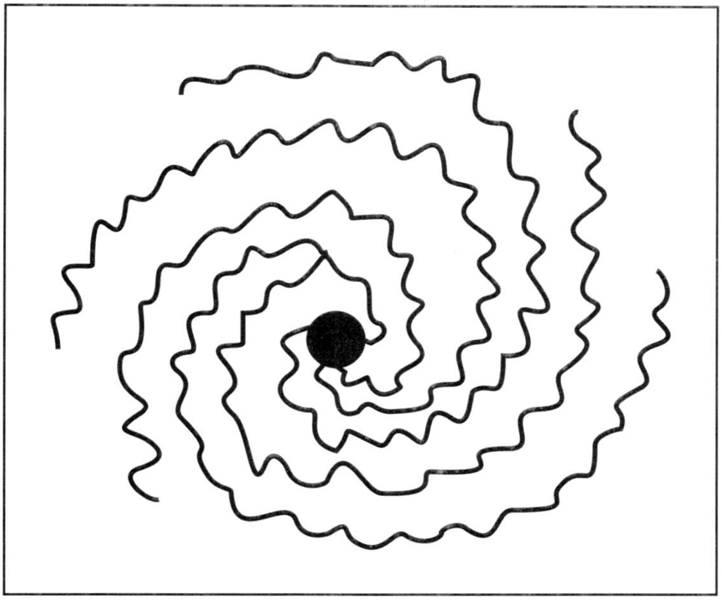

**चित्र–1.2: गैलेक्सी की काल्पनिक छवि**

**रिमझिमः** बुआ प्रकाशवर्ष क्या है?

**नयनाः** प्रकाशवर्ष खगोलीय दूरी को नापने वाली इकाई है जो प्रकाश द्वारा एक वर्ष में तय की हुई दूरी के बराबर है। प्रकाश की गति $3 \times 10^8$ मीटर प्रति सेकंड होती है। प्रकाशवर्ष करीबन $9.5 \times 10^{12}$ कि.मी. के बराबर है।

**रिमझिमः** बुआ आपने बताया कि गैलेक्सी कई हैं, तो क्या सभी एक जैसी हैं?

**नयनाः** नहीं रिमझिम, गैलेक्सी के आकार के आधार पर ये कई प्रकार की हैं। एडविन हबल ने वर्ष 1929 में फोटो ग्राफिक प्लेट पर दिखने वाले आकारों के आधार पर गैलेक्सी का वर्गीकरण किया था। उनका यह मानना था कि यह मॉडल गैलेक्सी के विकास के लिए एक विकासवादी अनुक्रम है, परंतु बाद में यह गलत सिद्ध हुआ। देखो तुम दोनों, इस किताब में हबल द्वारा ट्यूनिंग फोर्क नामक वर्गीकरण दिया हुआ है।

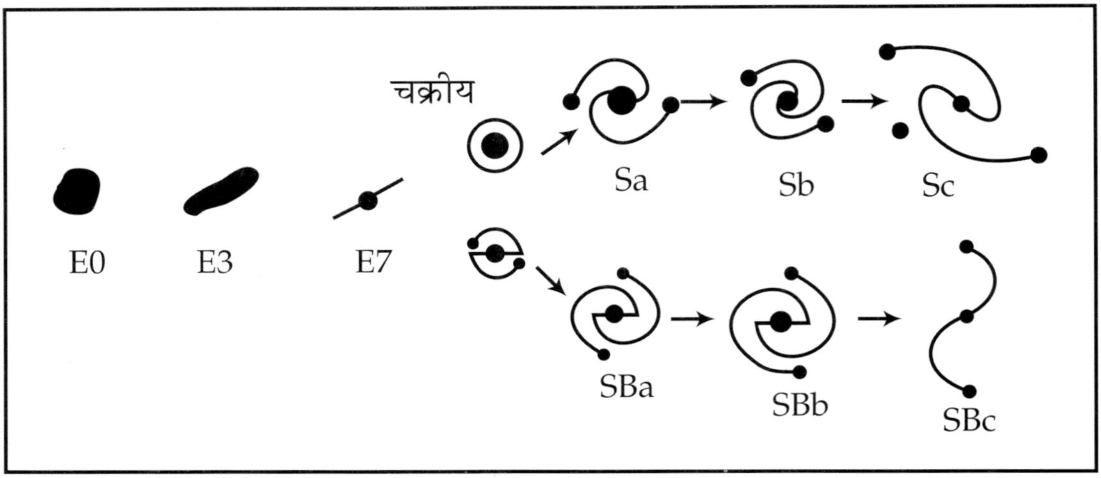


**चित्र-1.3: ट्यूनिंग फोर्क - गैलेक्सी का वर्गीकरण**
**( आभार:** http://www.astro.cornell.edu/ **)**

गैलेक्सी को सर्पिल, अंडाकार और अनियमित आकार में बांटा गया है।

**1. सर्पिल गैलेक्सी** - सर्पिल (Spiral) गैलेक्सी का नाम उनके सर्पिल आकार के कारण पड़ा है। ब्रह्मांड की अधिकांश गैलेक्सी प्रारम्भ में सर्पिल होती हैं। सर्पिल गैलेक्सी में अधिकतर एक चपटी घूर्णन डिस्क होती है जिसके केंद्र में उभार होता है। केंद्र में साधारणतया एक ब्लैक होल होता है और पुराने मंद तारे उभार में रहते हैं। ब्लैक होल अंतरिक्ष में वह स्थान है जहां बहुत अधिक गुरुत्व बल के कारण प्रकाश भी बाहर नहीं निकल पाता। बहुत सारा पदार्थ एक छोटी जगह में समा जाने के कारण गुरुत्व बल अधिक हो जाता है। यह साधारणतया टूटते हुए तारों में पाया जाता है। पुराने तारों के मंद प्रकाश के कारण उभार ठीक से इंगित नहीं हो पाते हैं। धूल और गैस की उपस्थिति ब्लैक होल को देखने में बाधा उत्पन्न करती है। केंद्रीय डिस्क के चारों ओर गैलेक्सी की चक्रीय भुजाएँ हैं जिनमें असंख्य युवा तारे हैं जो अपनी तेज चमक से जाने जाते हैं। इसके अलावा, गैस और धूल भी चक्रीय भुजाओं में होते हैं। चक्रीय गैलेक्सी के कई प्रकार होते हैं। 60% चक्रीय गैलेक्सियों

की कई भुजाएँ होती हैं और करीबन 20% की केवल 2 भुजाएँ होती हैं। बाकी 30% की परिभाषित भुजाएँ नहीं होतीं। ये गैलेक्सियां सूरज से अरबों-खरबों गुना बड़ी हैं। दिखाई देने वाली डिस्क 10 से 300 हजार प्रकाशवर्ष तक कहीं भी हो सकती हैं। सबसे बड़ी ज्ञात सर्पिल गैलेक्सी NGC 6872 है जो 522,000 प्रकाशवर्ष चौड़ी है।

**2. अंडाकार गैलेक्सी** - ब्रह्मांड में पायी जाने वाली गैलेक्सियों में सबसे प्रचुर मात्रा में पायी जाने वाली अंडाकार गैलेक्सी हैं। इनमें पाए जाने वाले बड़ी उम्र के तारों के कारण ये आसानी से दिखाई नहीं देती। इनकी भुजाएँ नहीं होतीं। ये अंडाकार आकृति की होती हैं। हबल के वर्गीकरण के अनुसार पूर्ण वृत्तीय गैलेक्सी $E_0$ वर्ग में आती है। इन गैलेक्सियों के आकार में बहुत अधिक विविधता है। छोटी गैलेक्सियां हमारी आकाशगंगा का 10 प्रतिशत हैं पर बड़ी अंडाकार गैलेक्सियां एक लाख से अधिक प्रकाशवर्ष की हो सकती हैं और इनमें 10 खरब से अधिक तारे हो सकते हैं। पूरे ब्रह्मांड की सबसे बड़ी अंडाकार गैलेक्सी M-87 है जिसे $E_0$ श्रेणी (पूर्ण गोल) में रखा गया है। हाल ही में वैज्ञानिकों ने IC1101 को सबसे बड़ी अंडाकार गैलेक्सी बताया है जो आकाशगंगा से आकार में 50 गुना बड़ी और 2000 गुना विशाल है। खगोलविद सर्पिल गैलेक्सी को उनकी चमक के कारण जल्दी ढूंढ लेते हैं पर अंडाकार गैलेक्सी मंद और पुराने तारों के कारण जल्दी नहीं दिखती।

**रिमझिमः** बुआ, गैलेक्सियां कैसे बनती हैं?

**नयनाः** गैलेक्सी के निर्माण की प्रक्रिया हाइड्रोजन और हीलियम के अनियमित बादलों से प्रारम्भ होती है। ब्रह्मांड के बनने के कुछ ही मिनटों में ये दोनों गैसें बनीं। उच्च घनत्व और गुरुत्व बल के कारण बड़े बादलों में विस्फोट हुआ और वे ठंडे होने लगे। इसी प्रक्रिया में तारों का निर्माण प्रारम्भ हुआ। तारों के जीवन-चक्र के अंत में उनमें विस्फोट होने से बादलों के विध्वंस की प्रक्रिया की गति धीरे होती गई। इसी समय नाइट्रोजन और कार्बन का भी बादलों में समावेश हो गया। अंततः विस्फोट, पतन, तारों का गठन, संतुलन आदि की प्रक्रिया के फलस्वरूप स्थिर गैलेक्सियों का निर्माण होने लगा।

बड़ी देर से रमेश चाचा भी एक कोने में बैठे नयना की बातें बड़े ध्यान से सुन रहे थे। उन्होने नयना से पूछ ही लिया।

**रमेशः** नयना, ये गैलेक्सियां सर्पिल या अंडाकार कैसे बनीं?

**नयनाः** अच्छा रमेश, तुम भी सुन रहे हो। इन आकारों के पीछे दो सिद्धांत हैं। पहले सिद्धांत के अनुसार गैलेक्सी बनने के पहले जब बादल ध्वस्त हुए तब इसके चक्रण ने यह तय किया कि किस प्रकार की गैलेक्सी बनेगी। जैसे-जैसे चक्रण (स्पिन) बढ़ता गया, बादलों की सामग्री चपटी होती गयी और सर्पिल गैलेक्सी का निर्माण हुआ। जब वे बादल जिनसे गैलेक्सी बन रही है, उसका कोई चक्रण न हो तब अंडाकार/वृत्ताकार संरचना बनेगी। जब घूर्णन की कोई विशेष धुरी नहीं होती तब गोल संरचना बनती है।

दूसरे सिद्धांत के अनुसार अंडाकार संरचनाएं, सर्पिल संरचना से बनती हैं। ब्रह्मांड के प्रारम्भ के दिनों में गैलेक्सियां बहुत पास-पास थीं इसलिए उनमें टक्कर बहुत साधारण बात थी। इस टक्कर के कारण सर्पिल संरचना, अंडाकार संरचना में परिवर्तित हो गई। अंडाकार संरचना में, चक्राकार संरचना की तुलना में कम गैस का होना भी इस बात का समर्थन करता है, क्योंकि टक्कर के बाद गैस प्रज्वलित होकर सितारों में परिवर्तित होने की संभावना है। वर्तमान में भी जब सितारे बनने की प्रक्रिया का अध्ययन किया गया तब भी इसी प्रकार की प्रक्रिया गैलेक्सी के टकराने पर देखी जा रही है। पुराने तारों की बनावट, नए तारों से अलग होने के कारण इन दोनों बनावटों का अध्ययन संभव है।

**रमेशः** इतनी जानकारी कहाँ से आई दीदी आपके पास।

**नयनाः** मेरी इन सब में रुचि है इसलिए मैंने किताबें पढ़कर सारी जानकारी प्राप्त की है।

अभी तक चुपचाप रह कर सुनने वाले बंटी से अब रहा नहीं गया।

**बंटीः** नयना बुआ। आकाशगंगा के बारे में भी तो कुछ बताइए न।

**नयना:** बंटी, अब तक तो तुम्हें समझ आ गया होगा कि आकाशगंगा एक गैलेक्सी है। वह गैलेक्सी जिसमें हमारी सौर प्रणाली निहित है, आकाशगंगा कहलाती है। आकाशगंगा बहुत ही विशाल और दिलचस्प है, जिसका व्यास 100,000 से 120,000 प्रकाशवर्ष है। यह हमारी पृथ्वी का घर है, जहां मानव सभ्यता का वास है। इसका मिल्की-वे नाम उस दूधिया प्रकाश पुंज से आया है जो पृथ्वी से हमारे खगोलीय क्षेत्र के आरपार देखा जा सकता है। आकाशगंगा की खोज का श्रेय सबसे पहले ग्रीक दार्शनिक डेमोक्रीतुस को जाता है जिन्होंने इसकी अवधारणा दी थी और कहा था कि यह अरबों, खरबों तारों से बनी है। आकाशगंगा की उम्र ब्रह्मांड की उम्र के बराबर है। हाल ही के अनुमानों के आधार पर आकाशगंगा की उम्र 13.7 अरब वर्ष आँकी गई है। सबसे पुराने तारे की उम्र को नाप कर उससे आकाशगंगा की उम्र का अनुमान लगाया जाता है। ब्रह्मांड में उपस्थित खरबों गैलेक्सियों में से एक गैलेक्सी आकाशगंगा है। बाकी आकाशगंगा के बारे में बहुत कम जानकारी है। हमारा सौर मण्डल आकाशगंगा का एक बहुत ही छोटा-सा भाग है।

**रिमझिम:** बुआ आकाशगंगा में कितने तारे हैं?

**नयना:** एक अनुमान के आधार पर यह कहा जाता है कि आकाशगंगा में करीबन 500 हजार करोड़ तारे हैं तथा इनका वजन हमारे सूर्य के वजन का 1.9 लाख करोड़ गुना है। हमारी आकाशगंगा की तुलना में सबसे बड़ी गैलेक्सी IC1 101 में 100 खरब से अधिक तारे हैं। आकाश में देखने पर हमें करीबन 2500 के करीब तारे दिखते हैं। यह नंबर भी घटता बढ़ता रहता है क्योंकि सुपर नोवा के माध्यम से एक ओर जहां आकाशगंगा तारे खो रही है वहीं दूसरी ओर करीबन सात नए तारे हर वर्ष बन रहे हैं। दूर से देखने पर हमें पता ही नहीं चलता कि आकाशगंगा में बहुत अधिक धूल और गैस है जो कि इसका 10-15 प्रतिशत है और बाकी सब तारे हैं। हम केवल 6000 प्रकाशवर्ष की चक्रिका को देख सकते हैं। दृश्य प्रकाश गैलेक्सी के आर पार निकल जाता है पर अवरक्त दूरबीन से गैलेक्सी के अध्ययन में बहुत सहायता मिलती है। रिमझिम तुम्हें पता है, स्पीतजर अंतरिक्ष दूरबीन जिसे पहले अंतरिक्ष अवरक्त दूरबीन सुविधा (S.I.R.T.F.) के नाम से जाना जाता था, एक ऐसी ही वेधशाला है जो वर्ष

2003 में प्रारम्भ हुई। हमारी आकाशगंगा के अनसुलझे रहस्यों को सुलझाने में इससे बहुत मदद मिली।

**रिमझिमः** बुआ, क्या आकाशगंगा भी घूमती है ?

**नयनाः** हाँ रिमझिम, आकाशगंगा लगातार घूमती रहती है। इसकी भुजाएँ भी अंतरिक्ष में घूमती रहती हैं। सूर्य और सौरमंडल 828,000 कि.मी. प्रति घंटे की औसत गति से घूमते हैं और इतनी गति के बाद भी सौरमंडल को पूरी आकाशगंगा का चक्कर लगाने में 23 करोड़ वर्ष लगेंगे। न केवल आकाशगंगा घूम रही है बल्कि यह ब्रह्मांड में आगे भी बढ़ रही है। ब्रह्मांड की धूल, गैस और तारे एक दूसरे से टकराते हैं। करीब चार अरब वर्षों में आकाशगंगा अपनी निकटतम पड़ोसी एंड्रोमिडा से टकरा जाएगी क्योंकि ये दोनों 112 कि.मी.प्रति घंटे की गति से एक दूसरे की ओर बढ़ रही हैं। दोनों के टकराते ही नए तारों के गठन की प्रक्रिया नए सिरे से प्रारम्भ हो जाएगी, लेकिन तब तक सूर्य एक लाल दानव बन कर कई निकट के ग्रहों को अपने में समाहित कर चुका होगा।

**रिमझिमः** ये एंड्रोमिडा गैलेक्सी क्या है?

**नयनाः** एंड्रोमिडा गैलेक्सी हमारी आकाशगंगा की सबसे निकट की गैलेक्सी है, जो अंधेरी रात में, स्पष्ट आकाश में नंगी आँखों से दिखाई देने वाला सबसे दूर का खगोलीय पिंड है। यह एक सर्पिल गैलेक्सी है जो 2.5 लाख प्रकाशवर्ष दूर है। एंड्रोमिडा तारामंडल की उत्तर दिशा में एक लंबे, धुंधले धब्बे जैसी प्रतीत होती है। एंड्रोमिडा गैलेक्सी का नाम पौराणिक कथाओं की राजकुमारी एंड्रोमिडा के नाम पर रखा गया है। एंड्रोमिडा, आकाशगंगा से ढाई गुना बड़ी है और उसी की तरह इसमें गैस, धूल और तारों की डिस्क है। किंतु यह बड़ी होने के बावजूद भी आकाशगंगा से हल्की है।

**बंटीः** बुआ, तारों के बारे में भी तो कुछ बताइए।

**नयना:** बंटी, आकाशगंगा में सभी आकार, तापमान और रंग के तारे हैं। सूर्य भी उनमें से एक है जो एक पीला, सफेद तारा है। अपने तापमान और रंग के आधार पर यह एक साधारण सा तारा है। तारे प्लाज्मा के विशाल चमकीले क्षेत्र हैं जो अरबों-खरबों की संख्या में हैं। सभ्यता के प्रारम्भ से ही तारों की पथ प्रदर्शन में एक महत्वपूर्ण भूमिका रही है। खगोल विज्ञान सबसे प्राचीन विज्ञान है। दूरबीन का आविष्कार, गति और गुरुत्वाकर्षण के नियमों की खोज के बाद यह ध्यान में आया कि सूरज की तरह तारे भी भौतिकी के नियमों का पालन करते हैं। तारों के समूह को तारामंडल या तारा समूह कहते हैं। तारामंडल एक परिकल्पना है जो कवियों, खगोलविदों ने बनाई है, जिसका मुख्य उद्देश्य यह जानना है कि कौन-सा तारा कहाँ है। अंतरराष्ट्रीय खगोल संघ आधिकारिक रूप से 88 नक्षत्रों को मानता है। हर तारामंडल के चमकीले तारों को अल्फा, बीटा, गामा के क्रम से जाना जाता है। बीटलगीस तारा, ओरियान तारामंडल का चमकता लाल रंग का तारा है जो सूर्य से 600 गुना बड़ा है और गर्मी में आधा है।

तारों के अनेक लक्षण होते हैं जिनमें चमक, रंग, तापमान, आकार, वजन आदि हैं। रात्रि के समय आकाश में दिखने वाले सबसे चमकीले तारे सीरियस की चमक, पैमाने पर -1.46 है। तारों की शक्ति ऊर्जा के उत्सर्जन पर निर्भर करती है। सूर्य की चमक 400 खरब खरब वाट है। बाकी की चमक सूर्य की चमक के सापेक्ष में नापी जाती है, जैसे अल्फा सेंचुरी सूर्य से 1.3 गुना अधिक चमकीला है ।

**बंटी:** तारे कितने रंगों के होते हैं?

**नयना:** तारे लाल, पीले, नीले किसी भी रंग के हो सकते हैं जोकि तारों के तापमान पर निर्भर करता है। तारे रेडियो, अवरक्त, परा बैंगनी और गामा किरण से लेकर सभी किरणों का उत्सर्जन करते हैं। लाल रंग के तारों का तापमान 2400-3700 केल्विन तक होता है और नीले तारों का तापमान 30000 केल्विन से अधिक होता है। सफेद तारे बहुत गर्म तारे होते हैं और भूरे तारे वे तारे हैं जो धीरे-धीरे ठंडे होते जा रहे हैं। तारों का आकार और वजन दोनों सूर्य के सापेक्ष में नापे जाते हैं। सारणी में तारों का वर्गीकरण, तापमान और रंग दिये हुए हैं।

**सारणी-1.1:** तारों का रंग, तापमान से वर्गीकरण

| **वर्ग** | **तापमान (°C)** | **रंग** |
|---|---|---|
| O | > 30,000 | नीला |
| B | 20,000 | नीला-सफेद |
| A | 10,000 | सफेद |
| F | 7,000 | पीला - सफेद |
| G | 6,000 | पीला |
| K | 5,000 | संतरा |
| M | 3,000 | लाल |

**रिमझिम:** बुआ......

**नयना:** अभी के लिए अब बस रिमझिम। रात को मैं तुम्हें सप्तऋषि दिखाऊंगी और आगे की जानकारी भी दूंगी।

रात को बच्चे और चाचा छत पर जमे हुए थे। नयना ने आते ही सप्तऋषि तारा समूह सभी को दिखाया।

**नयना:** बच्चों, यह सबसे अधिक जाना जाने वाला तारा समूह है जो उर्सा मेजर या बिग डिपर कहलाने वाले तारामंडल का छोटा सा भाग है। इसमें सात मुख्य तारे हैं जो पौराणिक कथाओं के आधार पर सात ऋषियों (विश्वामित्र, जमदग्नि, भारद्वाज, गौतम, अत्री, वशिष्ठ और कश्यप) के नाम से जाने जाते हैं। बंटी तुमने ध्रुव तारे की कहानी सुनी है न? जब तुम छोटे थे तब दादी सुनाती थीं। ध्रुव को उसकी सौतेली माँ ने पिता के कंधे पर खेलने नहीं दिया तब उसकी माँ ने कहा कि वह अपना अधिकार स्वयं प्राप्त करे। बालक ध्रुव की लंबी तपस्या से प्रभावित होकर भगवान विष्णु ने उसे दर्शन दिए, आशीर्वाद दिया और कहा कि उसे पिता का भरपूर प्रेम मिलेगा। ध्रुव को यह भी कहा कि उसकी मृत्यु के पश्चात वह एक तारा बनेगा जो पूरे संसार को दिशा दिखाएगा। ध्रुव की कहानी अक्सर बच्चों को दृढ़ता, भक्ति और निर्भयता के उदाहरण के रूप में सुनाई जाती है। यह चित्र देखो जोकि सप्तऋषि का है।

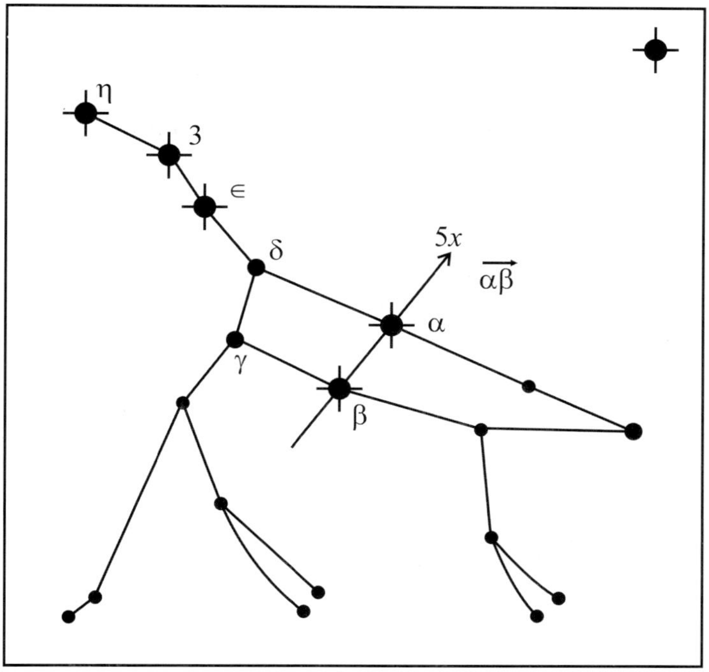


**चित्र-1.4: बिग डिपर (सभी तारे), सप्तऋषि (सात तारे) और ध्रुव तारा (दूर का तारा)**

उत्तरी गोलार्ध में रात्रि आकाश को समझने के लिए इन तारों का उपयोग किया जाता है। इन तारों का आकार एक पैन की तरह होता है जो चार तारों से बनता है। बचे तीन तारे पैन का हैंडल बनाते हैं। न केवल ये सातों तारे आराम से आसमान में दिखाई देते हैं बल्कि ये हमें एक और तारे को ढूँढने में सहायता भी देते हैं।

यदि हम सप्तऋषि के पैन के दो तारों मेरक (β) और दुभे (α) को मिलाते हुए उस रेखा को पाँच गुना आगे बढ़ाते हैं, जैसा इस चित्र में दिखाया गया है तो वह रेखा ध्रुव तारे की ओर इंगित करेगी। यह उत्तर दिशा की भी जानकारी देता है। यह तारा आकाश में अपने स्थान पर स्थिर है इसीलिए भौगोलिक ध्रुव की ओर भी इंगित करता है। सभी तारे इसके चारों ओर घूमते हुए दिखाई देते हैं। किसी भी स्थान के अक्षांश का कोण भी ध्रुव तारे से पता लगाया जाता है। हमारे क्षितिज और ध्रुव तारे के बीच का कोण उस स्थान के अक्षांश के बराबर होता है। पैन के तारों से खीची

हुई रेखा को यदि हम पोलेरिस के भी आगे बढ़ाते हैं तो करीबन समान दूरी पर डब्ल्यू जैसे दिखने वाला तारा समूह दिखेगा जिसे केसियोपिया कहते हैं। यह एक बहुत ही जाना पहचाना तारा समूह है जिसे किसी भी मौसम में देखा जा सकता है। पैन के हैंडल के पहले तारे अलकैड ($\eta$) से ध्रुव तारे को मिलाने पर केसियोपिया को देखा जा सकता है।

**रमेश:** क्या राशि चक्र भी एक तारामंडल है नयना?

**नयना:** हाँ रमेश। राशि चक्र भी तारा समूह या तारामंडल है। तारों की एक नियमित चाल होती है। साल के अलग-अलग समय के अनुसार सूर्यास्त पर तारों के समूह हमें आकाश में दिखाई देते हैं। बहुत सारे नक्षत्रों के नाम ग्रीक या रोमन नामों पर रखे गए हैं। सूर्य, चन्द्र और ग्रह एक क्रांति वृत्त (एक्लीप्टिक) में आकाश में घूमते हैं। जिन नक्षत्रों से ये गुजरते हैं उन्हें राशि चक्र के सितारों के रूप में जाना जाता है। राशि चक्र के तारामंडल में मकर, कुम्भ, मीन, मेष, वृषभ, मिथुन, कैंसर, सिंह, कन्या, तुला, वृश्चिक और धनु राशि हैं। यह चित्र राशि तारामंडल के बारे में दिखा रहा है कि कैसे कक्ष में पृथ्वी साल भर में घूमती है। राशि चक्र में सूर्य की स्थिति बड़े खाली गोले से दर्शाई गयी है। जैसे 21 जून को सूर्य मिथुन राशि में रहेगा और 21 दिसंबर को धनु राशि में।

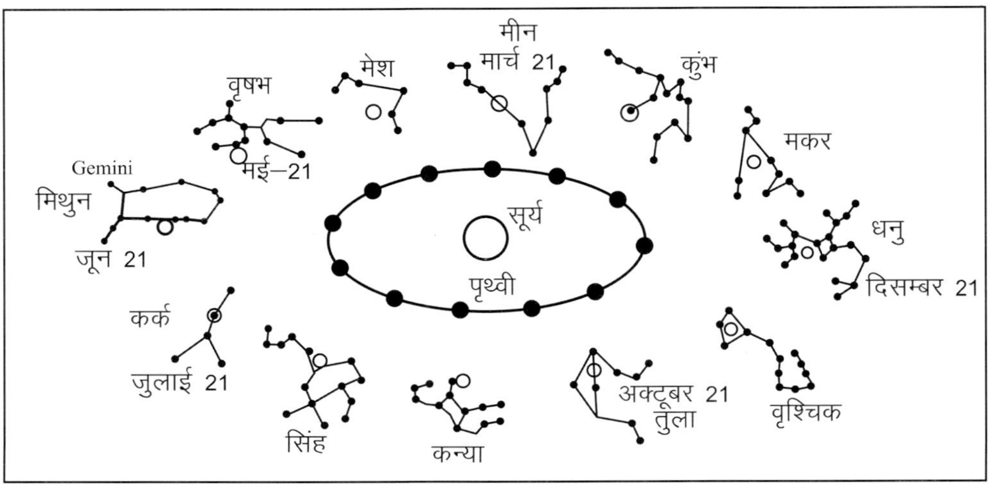


**चित्र-1.5: राशि तारामंडल और सूर्य की स्थितियाँ**

हर राशि के तारामंडल को देखने का एक उचित समय होता है। ये आकाश के किस स्थान पर दिखाई देंगे इसकी भी जानकारी होती है तथा हर राशि चक्र का कौन–सा चमकीला तारा है इसके बारे में भी कई बाते हैं पर हम उन सबके बारे में अभी चर्चा नहीं करेंगे।

हमारी आकाशगंगा का केंद्र धनु और वृश्चिक तारा समूह से परे है। यदि इन दोनों तारा समूह के कोनों को आगे बढ़ाते हैं तो हम आकाशगंगा के केंद्र की ओर देख रहे होंगे। बंटी मेरे विचार से तुम्हें लेख लिखने के लिए बहुत सारी सामग्री मिल गई। अब कल आकाशगंगा पर एक बढ़िया लेख लिख कर मुझे दिखाना। चलो अब तारों की छाँव में सो जाओ।

**बंटी:** नयना बुआ, मेरे साथ गाओ न।

सर्पिल, सर्पिल, प्यारी न्यारी,

आकाशगंगा है हमारी ।

इसकी विशालता का क्या कहना,

एंड्रोमिडा है इसकी करीबी बहना

❑❑❑

*अध्याय* **2**

# सौरमंडल

रात का समय था। आकाश में तारे चमक रहे थे। गर्मी के दिन होने के कारण बच्चा पार्टी छत पर धमा चौकड़ी मचा रही थी। जैसे ही बंटी और रिमझिम ने दादा जी को छत पर आते देखा, वे भाग कर उनके पास चले गए।

**बंटीः** दादा जी, दादा जी, पिछले हफ्ते बुआ ने हमें आकाशगंगा के बारे में बताया था, अब हम हमारे सौरमंडल के बारे में जानना चाहते हैं।

**दादाः** जरूर बंटी। तुम इस बात को तो जानते ही हो कि हमारा सौरमंडल, हमारी आकाशगंगा का एक छोटा सा भाग है। सौरमंडल का मुख्य तारा वह है जिसे तुम रोज देखते हो, पहचाना तुमने?

**रिमझिमः** मैं बताऊँ दादा जी, वह सूर्य या सूरज है।

**दादाः** सही कहा रिमझिम तुमने। सूर्य शब्द के कई पर्यायवाची हैं जैसे – भास्कर, रवि, दिवाकर, दिनकर, प्रभाकर, आदित्य, दिनेश आदि। सूर्य की बनावट इस चित्र में दिखाई गई है। सूर्य, सभी सितारों की तरह, बेहद गर्म, काफी हद तक आयनित गैस की एक विशाल गेंद है, जो अपनी शक्ति के कारण चमकता है। सूर्य अपने व्यास में 109 पृथ्वी को बाजू बाजू में रख सकता है। सूर्य में कोई ठोस सतह नहीं है और न ही इसका कोई ठोस कोर है। सूर्य के द्रव्यमान का लगभग 73% हाइड्रोजन

है और 25% हीलियम है। यह इतना गरम है कि वहाँ पर कुछ भी ठोस या द्रव्य नहीं रह सकता।

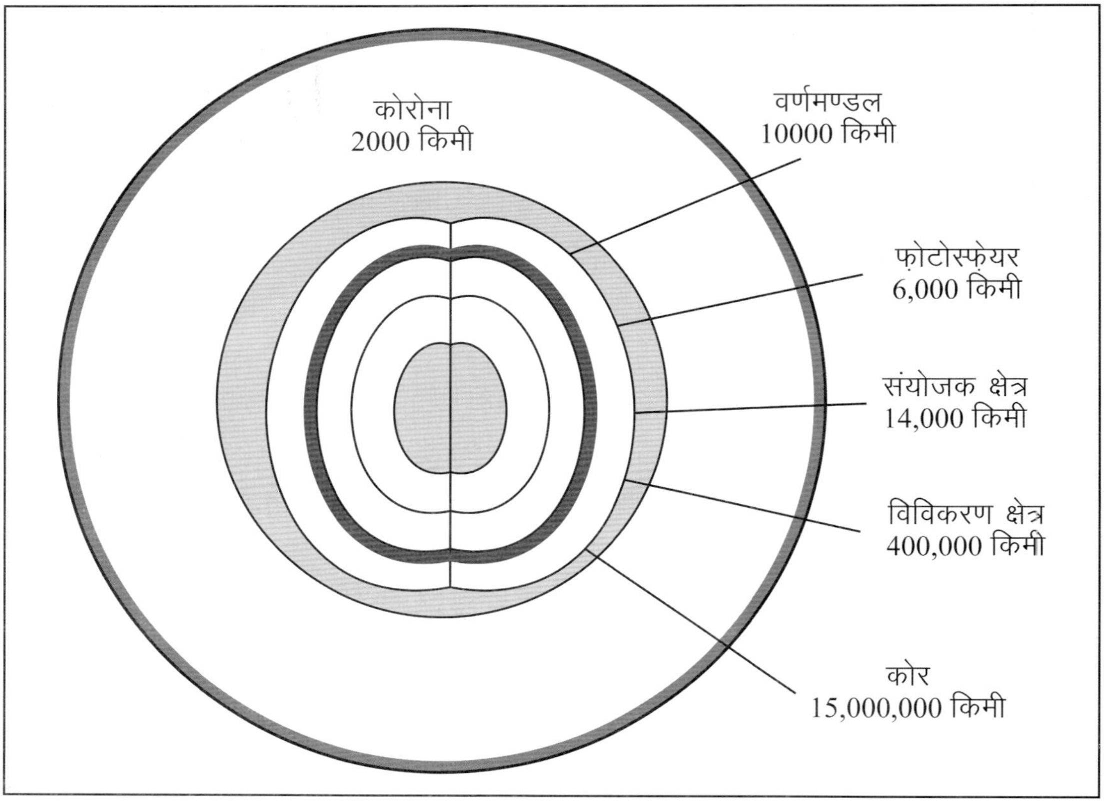


**चित्र-2.1: सूर्य की अंदरूनी संरचना**

पर आज हम इसकी चर्चा नहीं करेंगे। सूर्य के चारों ओर आठ ग्रह चक्कर लगाते हैं, जिनके नाम बुध (Mercury), शुक्र (Venus), पृथ्वी (Earth), मंगल (Mars), बृहस्पति (Jupiter), शनि (Saturn), अरुण (Uranus), वरुण (Neptune) और यम (Pluto) हैं। यह चित्र दिखाना चाहता हूँ, जिससे तुम्हें सभी ग्रहों के आकार और उनकी स्थिति समझने में सहायता मिलेगी।

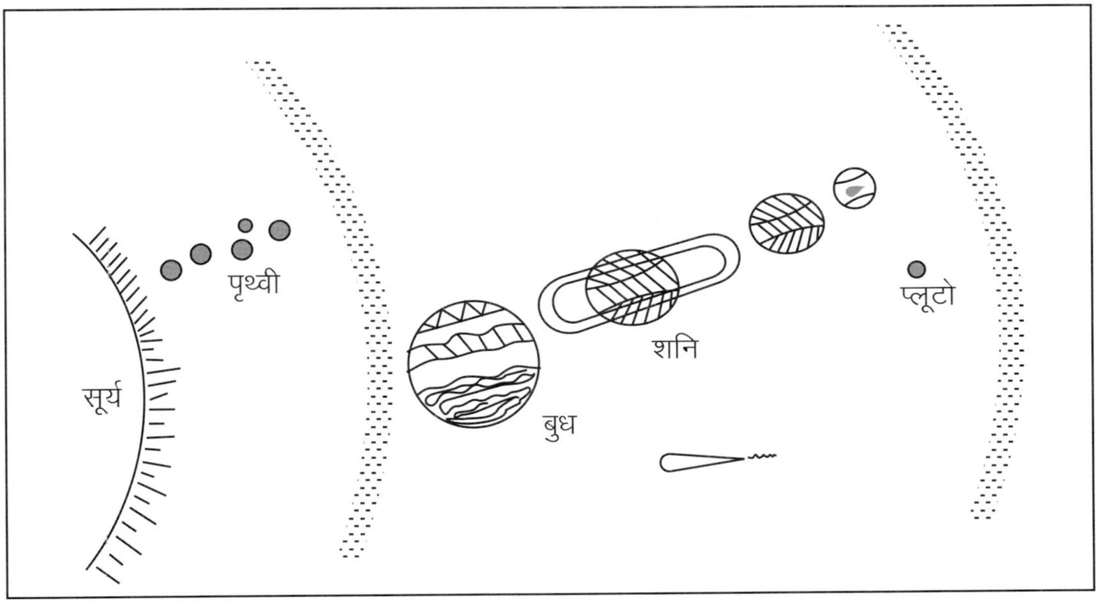


**चित्र-2.2: सौरमंडल**

**बंटी:** दादाजी, ये तो नौ ग्रह हुए, आप तो कह रहे थे कि आठ ग्रह हैं ।

**दादा:** शाबाश बंटी, सही पकड़ा तुमने। प्लूटो यानि यम, हमारे सौरमंडल का सबसे दूर का, सबसे छोटा नवां ग्रह था, जिसके बारे में वर्ष 1905 में अमेरिकन खगोलविद परसिवल लोवेल (Parcival Lowell) ने सोचा था और वर्ष 1930 में क्लायेडे टॉमबाग (Clyde Tombaugh) ने खोज की थी। परंतु वर्ष 2006 में प्लूटो का ग्रह का दर्जा हटा कर इसे बौने ग्रह (Dwarf Planet) की श्रेणी में डाला गया।

**बंटी:** बौने ग्रह क्या होते हैं, दादा जी?

**दादा:** बता रहा हूँ, धीरज रखो। तुम्हें पता है न कि ग्रह एक कक्षा या ग्रह पथ में घूमते हैं। अपने ग्रह पथ को साफ रखना खगोलीय पिंड के ग्रह कहलाने के लिए आवश्यक है। इसका मतलब यह है कि ग्रहों की उत्पत्ति के अंत समय में ग्रह की गुरुत्वाकर्षण क्षमता अन्य की तुलना में हावी हो जाए। बौना ग्रह वह ग्रह है, जो ग्रह

बनने की बाकी परिभाषा को पूर्ण करता है पर अपने कक्ष या ग्रह पथ को साफ नहीं कर पाता, जबकि ग्रहों का ग्रह पथ एकदम साफ रहता है। प्लूटो का ग्रह पथ नेपच्यून और कूपियर बेल्ट से प्रभावित होता है। बौने ग्रहों की इस परिभाषा से हमारे सौरमंडल में अब 5 बौने ग्रह हो गए हैं, जिनके नाम सेरेस (Ceres), प्लूटो (Pluto), होमिया (Haumea), मेकमेक (Makemake) और एरिस (Eris) हैं। इनमें से सेरेस को छोड़कर, जो कि एस्ट्रोइड बेल्ट में है, बाकी सभी बाहरी सौर प्रणाली में हैं ।

**बंटी:** दादा जी, प्लूटो के बारे में कुछ और बताइए।

**दादा:** प्लूटो का व्यास 2,370 कि.मी. है जो पृथ्वी के व्यास का पांचवा भाग है। इसकी घूर्णन अवधि 6.39 पृथ्वी के दिन के बराबर है। इसकी कक्षा 120 अंश के झुकाव पर है जिसके कारण इसके मौसमी चक्र में अतिशय परिवर्तन होते रहते हैं। तुम्हें जानकर आश्चर्य होगा रिमझिम कि इसके एक चौथाई भाग में हमेशा उजाला रहता है और दूसरे एक चौथाई भाग में हमेशा अंधेरा। सूरज का एक चक्र पूरा करने में प्लूटो को 248 वर्ष लगते हैं। इसका गुरुत्व बल पृथ्वी के गुरुत्व बल का 0.066 गुना है।

नासा के अंतरिक्ष प्रोब "न्यू होराइजन" ने सर्वप्रथम प्लूटो के बारे में जानकारी दी थी। इस पर पहाड़ हैं जिसकी ऊंचाई करीबन 3500 मीटर है। प्लूटो की सतह नाइट्रोजन गैस और मीथेन गैस से ढकी पड़ी है। प्लूटो की चमक और सतही रंगों में बहुत विविधता है। इसका रंग काला, गहरा नारंगी और सफेद है। बंटी प्लूटो का तापमान कितना है यह पता है? यह −225°C के साथ सौरमंडल का सबसे ठंडा स्थान है।

**रिमझिम:** दादा जी, प्लूटो के बारे में तो बहुत जानकारी मिल गई, अब बाकी ग्रहों के बारे में भी बताएं।

**दादा:** सूर्य के निकट के चार ग्रह क्रमशः बुध, शुक्र, पृथ्वी और मंगल को स्थलीय ग्रह कहा जाता है क्योंकि इनकी सतह पत्थरों से बनी है। बृहस्पति, शनि, यूरेनस

एवं नेपच्यून ग्रहों को जोवियन ग्रह कहते हैं जो गैसों से बने हैं और बहुत विशाल हैं। नासा के अनुसार बृहस्पति और शनि को गैस दानव और यूरेनस व नेपच्यून को बर्फ दानव कहा जाता है।

**बंटी:** दादा जी, मुझे हमारे पड़ोसी स्थलीय ग्रहों के बारे में बताइए।

**दादा:** बता रहा हूँ बंटी, थोड़ा पानी तो पी लेने दो। जाओ भाग कर अंदर जा कर मेरे लिए चाय ले आओ और रिमझिम तुम पानी का जग दो।

हाँ तो बंटी अब हम बात करते हैं बुध ग्रह यानि मरक्युरि ग्रह की। यह ग्रह सूर्य के सबसे निकट है और इसका आकार पृथ्वी के चंद्रमा से थोड़ा ही बड़ा है। इसका सतही तापमान दिन में 450°C और रात में शून्य से कई सौ डिग्री नीचे चला जाता है। इसका नाम रोमन भगवान मरक्युरि के नाम पर रखा गया है जो बहुत द्रुत गामी है। इस ग्रह के चारों ओर वायुमंडल न होने के कारण बाह्य पिंड इसकी सतह से टकरा कर बड़े बड़े गड्ढे बना देते हैं। बुध ग्रह का व्यास 4879 कि.मी. है जो पृथ्वी के व्यास का 2/5 वां भाग है। यहाँ का गुरुत्व बल पृथ्वी के गुरुत्व बल का 0.38 गुना है। तुम्हारी जानकारी के लिए बता दूँ कि इस ग्रह के अंदर आयरन या लोहा होने का अनुमान है। यहाँ का दिन पृथ्वी के 58.646 दिन के बराबर होता है। इस ग्रह पर मौसम नहीं होते। इसके घूर्णन की राह एकदम अलग है। यह दो कक्षीय प्रदक्षिणा के दौरान अपनी धुरी पर केवल तीन बार घूमता है। हर सात वर्षों में हम इसे सूर्य के सामने से गुजरते हुए देख सकते हैं। इस ग्रह का वायुमंडल बहुत ही पतला है और सौर वायु से आए हुए परमाणुओं से बना है, जो अधिक गर्माहट के कारण उड़कर अंतरिक्ष में चले जाते हैं।

**रिमझिम:** दादा जी, बंटी तो सो गया। मुझे भी बहुत नींद आ रही है। क्या आप बाकी ग्रहों के बारे में कल बताएँगे?

**दादा:** जरूर रिमझिम। चलो अब सो जाते हैं।

दूसरे दिन रात को रिमझिम और बंटी के साथ सूरज, नीता और कई बच्चों ने दादा जी को घेर लिया और ग्रहों की कहानी को आगे बताने का आग्रह करने लगे।

**दादाः** बच्चों, शांति से यहाँ बैठ जाओ। आज मैं तुम्हें कुछ और ग्रहों के बारे में बताऊंगा। पर बंटी आज जल्दी नहीं सोना।

**बंटीः** नहीं दादा जी, आज मैंने दिन में आराम किया है। आज हमें वीनस ग्रह के बारे में बताएं। मैं यह तो जानता हूँ कि यह सूर्य से दूसरे नंबर पर है तथा बहुत गरम है।

**सूरजः** दादा जी, सूर्य और चंद्रमा के बाद वीनस आकाश में सबसे अधिक चमकने वाला खगोलीय पिंड है।

**दादाः** हाँ बेटा सूरज, सही कहा। सबसे अधिक चमकने वाले तो तुम ही हो। वीनस यानि शुक्र ग्रह का नाम प्रेम और सौंदर्य की देवी वीनस के नाम पर रखा गया है। और मजे की बात यह है कि नारी आधारित नाम वाला यह इकलौता ग्रह है। शुक्र और पृथ्वी का आकार तकरीबन समान है।

इस ग्रह को 'सुबह का तारा' या 'शाम का तारा' के रूप में भी जाना जाता है। इस ग्रह का वजन पृथ्वी के वजन का 0.815 गुना है तथा इसका व्यास 12,104 कि. मी. है। शुक्र ग्रह पर एक दिन की लंबाई पृथ्वी के 117 दिनों के बराबर होती है। इसका एक वर्ष पृथ्वी के 225 दिनों के बराबर होता है। इसका तापमान 462°C तक जाता है। पृथ्वी का एक उपग्रह चंद्रमा है पर शुक्र ग्रह का कोई भी उपग्रह नहीं है। अच्छा बच्चों एक बात बताओ। पृथ्वी की घूर्णन गति की दिशा क्या होती है? 'दादा जी पूर्व से पश्चिम की ओर', बंटी हाथ उठा कर चिल्लाया।

**दादाः** गलत बंटी, पृथ्वी पश्चिम से पूर्व की ओर घूमती है। करीबन सभी ग्रह इसी दिशा में घूमते हैं, केवल यूरेनस और शुक्र (वीनस) को छोड़ कर। ये घड़ी की सुईयों की दिशा में घूमते हैं जो शायद किसी उल्का पिंड के टकराने से दिशा परिवर्तन के

कारण हुआ होगा। क्या तुम बता सकते हो कि इससे क्या होगा? अब तक बड़े ध्यान से सुनने वाली नीता ने धीरे से कहा 'दादाजी ऐसे घूमने के कारण इस ग्रह पर सूरज पश्चिम से निकल कर पूरब में डूबता होगा।'

**दादाः** एकदम सही नीता बिटिया। शाबाश। शुक्र ग्रह का वायुमंडलीय दाब पृथ्वी से 92 गुना अधिक है इसीलिए बाहर से टकराने वाले उल्कापिंड नष्ट हो जाते हैं। यही कारण है कि इसकी सतह पर गड्ढे नहीं हैं। शुक्र ग्रह के चारों ओर 50-80 कि.मी. तक बादल हैं जो सल्फर डाईऑक्साइड ($SO_2$) और सल्फ्यूरिक एसिड ($H_2SO_4$) के बने होते हैं। इन घने बादलों से सूर्य की 60 प्रतिशत ऊर्जा परावर्तित हो जाती है।

**रिमझिमः** दादा जी, ये तो वह ग्रह हैं जो पृथ्वी और सूर्य के मध्य हैं। अब आप दूसरे ग्रहों के बारे में भी बताएं।

**दादाः** जरूर रिमझिम। अब हम चर्चा करते हैं मंगल या मार्स ग्रह की। मंगल को लाल ग्रह भी कहा जाता है जो कि इसकी कत्थई - लाल रंग की सतह के कारण है। मंगल के केंद्र में लौह युक्त खनिजों की उपस्थिति से इसका रंग लाल है तथा धूल और चट्टानें इसकी सतह पर पायी जाती हैं। मंगल का व्यास 6792 कि.मी. है और इसके 2 चंद्रमा हैं जिनका नाम फोबोस और डीमोस है। सूर्य की कक्षा का एक चक्कर लगाने में मंगल ग्रह को 687 दिन लगते हैं। इसका तापमान −87°C से −5°C तक घटता बढ़ता रहता है। इसका गुरुत्व बल पृथ्वी के गुरुत्व बल का 37 प्रतिशत है। इसका मतलब यह हुआ बंदर बंटी कि यदि तुम पृथ्वी पर 1 मीटर ऊंची छलांग लगाते हो तो मंगल पर 3 मीटर की कूद लगाओगे। है न मजे की बात। हमारे सौरमंडल का सबसे बड़ा ज्वालामुखी और दूसरा सबसे बड़ा पहाड़ ओलंपिस मान इसी ग्रह पर है। इस ग्रह पर ऋतु परिवर्तन भी होते हैं।

मंगल ग्रह पर गली, घाटियां और प्रवाह को देखते हुए यह लगता है कि निकट भूतकाल में ग्रह पर पानी बहा होगा। कुछ चौनल 100 कि.मी. तक चौड़े और 2000 कि.मी. तक लंबे हैं।

**सूरजः** दादा जी, मैंने अखबार में पढ़ा था कि मंगल ग्रह के दोनों ध्रुवों पर बर्फ पायी गयी।

**दादाः** बिलकुल सही पढ़ा था तुमने। पृथ्वी के अलावा मंगल ही एक ऐसा ग्रह है जिसके ध्रुवों पर बर्फ जमी है। इस बात के प्रमाण भी मिले हैं कि इसके उत्तर और दक्षिणी दोनों गोलार्ध में बर्फ है। ठंड के दिनों में सूखी बर्फ यानि ठोस कार्बन डाइऑक्साइड 45° अक्षांश तक भी दिखाई देती है। इस ग्रह का घनत्व पृथ्वी के घनत्व से 100 गुना कम है पर मौसम, बादल और हवा को संभाल सकता है। मंगल पर आने वाले तूफान पूरे सौरमंडल के तूफानों में सबसे बड़े हैं, जो कई-कई महीनों तक चलते हैं।

**बंटीः** हाँ दादाजी, मैंने देखा था मार्शियन मूवी में ।

**रिमझिमः** दादा जी, ये बंटी आजकल बहुत सिनेमा देखने लग गया है। कल भी मम्मी के पीछे पड़ा था सिनेमा जाने के लिए ।

**दादाः** बंटी, ये गलत है। पढ़ाई छोड़ कर सिनेमा जाना बुरी बात है ।

**बंटीः** नहीं दादा जी, रिमझिम तो यूं ही पीछे पड़ी रहती है। मैं पढ़ाई पर पूरा ध्यान देता हूँ। मार्शियन मूवी कितनी अच्छी थी। मंगल ग्रह के बारे में कितनी जानकारी थी उसमें। इसकी मत सुनिए। आप आगे बताइए।

**दादाः** चलो, अब हम चलते हैं बृहस्पति (जूपिटर) की ओर। यह एक बहुत बड़ा ग्रह है जिसका व्यास 142,984 कि.मी. है। यह इतना बड़ा है कि इसमें 318 पृथ्वी समा सकती हैं। यह 4333 दिनों में सूर्य की कक्षा में एक चक्र पूर्ण करता है। बृहस्पति में 4 वलय हैं और इसके 67 चंद्रमा हैं, जिसमें लो, यूरोपा, गेनीमेड और कैलिस्टो प्रमुख हैं। अपने आकार और इतने सारे चंद्रमा के कारण यह एक लघु सौरमंडल जैसा दिखता है। बृहस्पति के वलय धूल से बने हैं जिसके कारण उन्हें देखने में कठिनाई होती है। ये वलय 2000 कि.मी. से 12,500 कि.मी. चौड़े हैं। बृहस्पति को सबसे

पहले प्राचीन बेबीलोन के खगोलविदों द्वारा सातवीं या आठवीं ईसा पूर्व शताब्दी में देखा गया था। वर्ष 1660 में गैलेलियो गैलेली ने दूरबीन के प्रयोग द्वारा बृहस्पति के चार चंद्रमा का पता लगाया था। गैलेलियो ने ही इस बात की परिकल्पना दी थी कि सौरमंडल का केंद्र पृथ्वी नहीं है। बृहस्पति पर दिन 9 घंटे 55 मिनट का होता है जो सभी ग्रहों में सबसे कम है। इतनी तेज घूर्णन गति के कारण ही यह ग्रह ध्रुवों पर चपटा हो गया है। 11.86 वर्षों में यह सूर्य का एक चक्र पूर्ण करता है। बृहस्पति के घूर्णन की सबसे रोचक बात यह है कि इसके सभी भाग एक ही गति से नहीं घूमते जो कि इसके ठोस न होने के कारण हो सकता है।

**नीताः** दादा जी, आपकी बातें सुनने में बहुत आनंद आ रहा है, पर नींद भी आ रही है। क्या हम कल आप से बाकी जानकारी ले सकते हैं। कल छुट्टी है तो हम सवेरे ही आ जाएंगे। क्यों सूरज?

**सूरजः** हाँ नीता। मुझे भी नींद आ रही है। दादा जी हम कल सुबह आ जाएं।

**दादाः** क्यों नहीं। कल मिलते हैं ढेर सारी जानकारी के साथ।

घर की बैठक में बच्चों का हल्ला गूंज रहा था। खूब धमाचौकड़ी मची हुई थी। दादा जी की प्रतीक्षा थी पर दादा जी कहीं दिखाई नहीं दे रहे थे। मम्मी ने बताया कि दादाजी बाहर गए हैं। थोड़ी देर में दादाजी के आने की आहट होने पर सभी बच्चे शांत हो गए और जगह पर बैठ गए। दादाजी के हाथ में कुछ किताबों को देख कर बच्चों की जिज्ञासा और बढ़ गई। रिमझिम दौड़कर शरबत ले आई और बंटी ने किताबें टेबल पर रख दीं। दादा जी ने कहा कि वे पुस्तकालय जाकर किताबें लाये हैं ताकि सभी को रोचक जानकारी दे सकें और चित्र दिखा सकें।

**दादाः** तो बच्चों कल हम कहाँ थे?

**नीताः** दादा जी कल बृहस्पति के बारे में बताया था, आज तो शनि ग्रह के बारे में बताना है।

**दादाः** शनि ग्रह को सबसे पहले ईसा पश्चात 8वीं शताब्दी में देखा गया था। इसका भूमध्य रेखा पर व्यास 120,536 कि.मी. है। इसमें 95 पृथ्वी समा सकती हैं। यह हमारे सौरमंडल का पांचवां सबसे बड़ा खगोलीय पिंड है जिसे नंगी आँखों से भी देखा जा सकता है। सूर्य का चक्कर लगाने में इसे 29.5 वर्ष लगते हैं। शनि ग्रह का ध्रुवीय व्यास भूमध्य रेखीय व्यास का 90 प्रतिशत है जो इसके कम घनत्व और तेज घूर्णन के कारण है। यह 10 घंटे 34 मिनट में अपना एक चक्र पूर्ण करता है जो केवल बृहस्पति से अधिक है। शनि को चक्राकार ग्रह (Ringed planet) भी कहते हैं जो कि इसके वृहद, सुंदर और व्यापक चक्र प्रणाली के कारण है। ये छल्ले बर्फ और कार्बनमय धूल से बने हैं। इनकी मोटाई केवल 20 मीटर है पर खिचाव 12700 कि.मी. है। दूर से देखने पर ऐसा लगता है कि शनि ग्रह के 7 वलय हैं, जिनके नाम ए, बी, सी, डी, ई, एफ और जी हैं। पृथ्वी से ए, बी और सी छल्ले दिखते हैं। हर छल्ला हजारों छोटे-छोटे छल्लों से बना है जो पास-पास हैं। कुछ छल्लों के बीच अधिक दूरी भी है। तुमको पता है शनि के वलय या छल्लों की खोज सबसे पहले वर्ष 1610 में गैलेलियो ने की थी। ये छल्ले जो बर्फ और चट्टानों से बने हैं, असमान आकार के हैं। ये छल्ले कैसे बने इस पर एक मत नहीं है। कुछ का मत है कि जब शनि ग्रह बना तब उसकी बची सामग्री से ये छल्ले बने होंगे, तो कुछ का यह मानना है कि शनि के अनेक चंद्रमा के उल्का पिंड से टकराने से हुए टुकड़ों से ये छल्ले बने होंगे। ये छल्ले तेज गति से शनि ग्रह का चक्कर लगाते हैं।

**रिमझिमः** शनि के कितने चंद्रमा हैं दादा जी।

**दादाः** शनि ग्रह के 150 चंद्रमा हैं जिसमें सबसे बड़े टाइटन और रेहा (Rhea) हैं। टाइटन बृहस्पति के चंद्रमा गेनीमेड से छोटा और सौरमंडल का दूसरा बड़ा चंद्रमा है जिसका खुद का वायुमंडल है। टाइटन की सतह पर तरल मीथेन है और ठोस नाइट्रोजन से इसकी सतह ढकी हुई है। बच्चों, शनि ग्रह के वायुमंडल में 96 प्रतिशत हाइड्रोजन और 4 प्रतिशत हीलियम है और थोड़ी-थोड़ी मात्रा में अमोनिया, इथेन, मीथेन और एसीटिलीन भी है। इनकी ऊंचाई करीबन 60 कि.मी. है और बाहरी परत में हवा की गति 1800 कि.मी. प्रति घंटे तक हो जाती है। इसका सतही तापमान −139°C होता है।

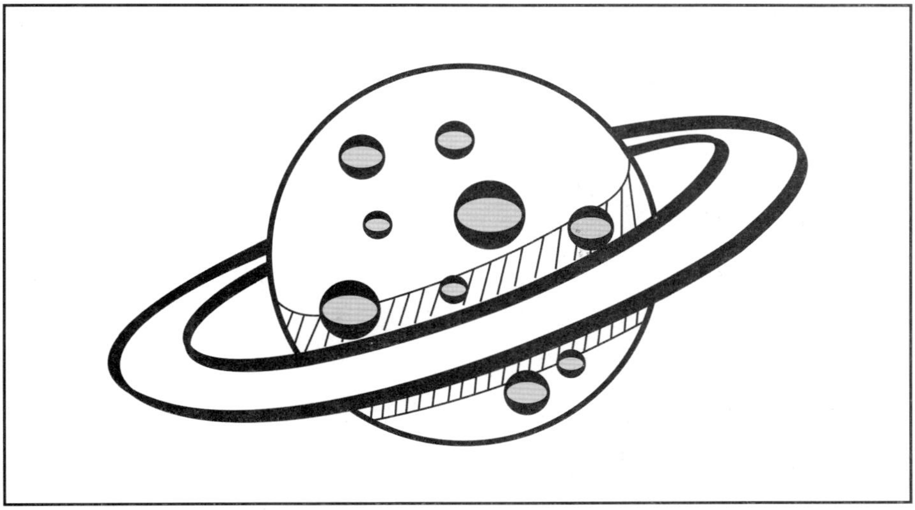

चित्र-2.3: शनि ग्रह

**रिमझिम:** शनि ग्रह की अंदरूनी बनावट के बारे में बताइये दादा जी।

**दादा:** बताता हूँ। वैसे तो शनि ग्रह एक गैस दानव है पर वैज्ञानिकों का मानना है कि इसकी एक ठोस सतह है जिसके चारों ओर हाइड्रोजन और हीलियम है। चट्टानी अंदरूनी सतह पृथ्वी से 10–20 गुना बड़ी होने की संभावना है। बृहस्पति और शनि की सतहों में बहुत समानता है जैसा कि इस किताब की सारणी में दिया गया है।

**सारणी-2.1: बृहस्पति और शनि ग्रह की सतह में तुलना**

| | **बृहस्पति** | **शनि** |
|---|---|---|
| धातु हाइड्रोजन परत | 46000 कि.मी. | 14500 कि.मी. |
| आण्विक हाइड्रोजन परत | 12000 कि.मी. | 18500 कि.मी. |

शनि ग्रह का घनत्व सौरमंडल में सबसे कम है। यद्यपि शनि ग्रह में एक ठोस कोर (परत) हो सकती है पर इस ग्रह की बड़ी गैसीय बाहरी परत के कारण इसका

औसत घनत्व मात्र 687 किलो प्रति मीटर घन है जिसके फलस्वरूप यह पानी से भी हल्का है।

अब बात करते हैं अरुण या यूरेनस ग्रह की। इसका नाम रोमन भगवान सैटर्न के पिता के नाम पर रखा गया है। व्यास के आधार पर यह तीसरा बड़ा ग्रह है, जिसका भूमध्यरेखीय व्यास 51,118 कि.मी. तथा ध्रुवीय व्यास 49,946 कि.मी. है। अभी तक प्राप्त जानकारी के अनुसार इसके 27 चंद्रमा हैं। यह ग्रह दिखने में एकदम हल्के रंग का होने के कारण प्राचीन सभ्यता में इसकी खोज न हो सकी। आधुनिक इतिहास में खोजा जाने वाला यूरेनस पहला ग्रह है जिसकी खोज विलियम हरशेल ने वर्ष 1781 में की थी। यह ग्रह 98 डिग्री के कोण पर झुका है, जिसके कारण इसकी भूमध्यरेखा इसके कक्ष से लम्बवत है। ऐसा मानना है कि ग्रह के किसी अन्य वस्तु जैसे उल्का पिंड से टकराने के कारण यह झुकाव आया होगा। जहां बाकी सब ग्रह लट्टुओं की तरह सूर्य के चारों ओर घूमते हुए नजर आते हैं, यूरेनस ग्रह एक लुढ़कती हुई गेंद की तरह प्रतीत होता है। इसका एक ध्रुव पृथ्वी के 84 वर्षो तक सूर्य के समक्ष रहता है। यहाँ का एक दिन पृथ्वी के 18 दिनों के बराबर होता है और जैसा मैंने तुम्हें पहले बताया था यह ग्रह शुक्र ग्रह के समान बाकी ग्रहों से उल्टी दिशा में घूमता है।

**बंटी:** क्या यूरेनस ग्रह को किसी और नाम से भी जानते हैं।

**दादा:** हाँ बंटी, इसे बर्फीला दानव भी कहा जाता है। चट्टानी और लौह कोर, एक बर्फीली मेंटल से ढंके हैं जिसके चारों ओर अन्य गैसग्रहों के समान हाइड्रोजन और हीलियम हैं। यह ग्रह इसके वायुमंडल में पाये जाने वाले पानी, अमोनिया और मिथेन के बर्फीले स्फटिक (क्रिस्टल) के कारण हल्के नीले रंग का दिखता है। इस ग्रह के 13 छल्ले हैं पर अभी तक उनके बारे में अधिक जानकारी नहीं है। तुमको एक और मजे की बात बताता हूँ। तुमने यूरेनियम का नाम सुना है?

**रिमझिम:** हाँ दादा जी। यह एक रसायनिक तत्व है जो ऊर्जा का बहुत बड़ा भंडार है ।

**दादा:** सही कहा तुमने। यूरेनियम की खोज यूरेनस ग्रह की खोज के बाद ही वर्ष 1789 में हुई थी इसीलिए नए खोजे गए ग्रह के नाम पर इस नए तत्व का नाम यूरेनियम रखा गया। यूरेनस ग्रह सूर्य से आने वाली ऊर्जा से अधिक ऊर्जा उत्सर्जित नहीं करता जैसे कि नेपच्यून ग्रह करता है।

यूरेनस ग्रह के सूर्य के कक्ष की लंबाई $2.87 \times 10^9$ कि.मी. है। सूर्य की किरणों को इस ग्रह तक पहुँचने में 2 घंटे 40 मिनट लगते हैं। यूरेनस ग्रह के 27 चंद्रमा हैं जिनका नाम ग्रीक पुराण के आधार पर नहीं वरन शेक्सपियर के नाटकों / कहानियों के पात्रों के नाम पर रखा गया है जैसे कि जूलियट, बियेंका, मिराण्डा, मारग्रेट आदि।

अच्छा बच्चों अब कौन सा ग्रह बचा है?

**सूरज:** नेपच्यून दादा जी।

**दादा:** ठीक बताया तुमने। यह सौरमंडल का आठवां और अंतिम ग्रह है। इसके नीले रंग के कारण इसका नाम रोमन समुद्री भगवान के नाम पर रखा है। पुराने लोगों को इस ग्रह के बारे में जानकारी नहीं थी। इस ग्रह की खोज वर्ष 1846 में हुई। नेपच्यून ग्रह का वजन $1.02 \times 10^{26}$ कि.ग्रा. है जो पृथ्वी के 17 गुना वजन के बराबर है। इसका भूमध्यरेखा पर व्यास 49,528 कि.मी. है। नेपच्यून के 14 चंद्रमा हैं तथा इसके चारों ओर 5 वलय या छल्ले हैं। नेपच्यून ग्रह की खोज के 17 दिनों के बाद ही, इसके सबसे बड़े चंद्रमा ट्रीटोन को खोजा गया था। नेपच्यून के छल्ले बहुत गहरे हैं पर उनके घटकों के बारे में अभी तक पता नहीं चला है। 164.8 वर्षों में यह सूर्य के चारों ओर एक आवृत्ति पूर्ण करता है तथा 18 घंटों में एक घूर्णन पूरा करता है।

**बंटी:** दादा जी इस ग्रह की खोज कैसे हुई?

**दादा:** यूरेनस ग्रह के कक्ष के अध्ययन से पता चला कि इसका कक्ष न्यूटन के दिये हुए सिद्धांत पर नहीं है। तब यह ध्यान आया कि जरूर कोई अन्य ग्रह यूरेनस को प्रभावित कर रहा है। तभी नए ग्रह की खोज प्रारम्भ हुई। संरचना में नेपच्यून ग्रह

यूरेनस ग्रह के समान ही होना चाहिए। नेपच्यून के केंद्र में ऊर्जा का भंडार है जिसके कारण यह दुगुनी ऊर्जा उत्सर्जित करता है। नेपच्यून के बाह्य मण्डल में बड़े-बड़े तूफान आते हैं जिनकी गति 1340 कि.मी. प्रति घंटे तक जाती है। इस ग्रह का सामान्यतः तापमान −214°C होता है। इसके वायुमंडल में 80 प्रतिशत हाइड्रोजन, 19 प्रतिशत हीलियम और कुछ मिथेन है।

**रिमझिमः** क्या ग्रहों के कुछ प्रतीक चिह्न हैं?

**दादाः** हाँ रिमझिम। खगोलीय वस्तुओं और अवलोकित घटनाओं को प्रदर्शित करने के लिए खगोलीय चिह्नों का प्रयोग किया जाता है जैसा इस चित्र में दिया गया है। सूर्य, बुध, शुक्र, पृथ्वी और चंद्रमा के चिह्न पहली लाइन में हैं। दूसरी लाइन में मंगल, बृहस्पति, शनि, यूरेनस, नेपच्यून और प्लूटो के चिह्न हैं।

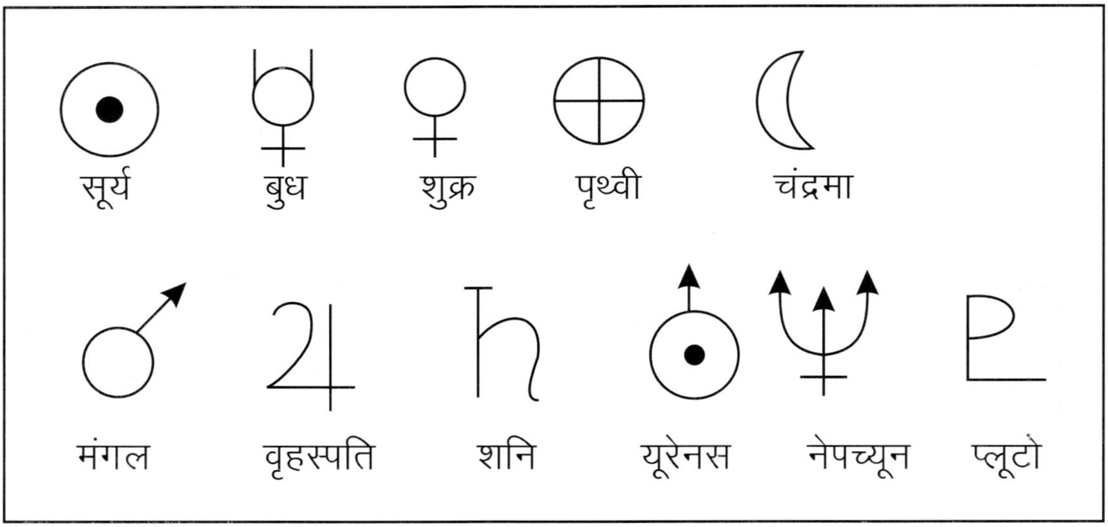


**चित्र-2.4: खगोलीय चिह्न**

**नीताः** बहुत बढ़िया जानकारी मिली हमें। अब पृथ्वी की बारी है।

**दादाः** हाँ नीता। पृथ्वी का घनत्व सबसे अधिक है जो करीबन 5513 कि.ग्रा. प्रति घन मोटर है। इसकी उत्पत्ति 4.54 अरब वर्ष पहले हुई थी। 2000 वर्षों तक प्राचीन लोगों का मानना था कि पृथ्वी स्थिर है और सभी आकाशीय पिंड इसका चक्कर लगाते हैं। वर्ष 1543 में कॉपरनिकस ने सूर्य और घूमते ग्रहों का सिद्धांत दिया। पृथ्वी का नाम अन्य ग्रहों की तरह पौराणिक कथाओं और पात्रों के आधार पर नहीं हुआ है। इसके नाम की उत्पत्ति पुराने अंग्रेजी शब्द अर्था और एंगलो सैक्सन शब्द एरडा, जिनका मतलब जमीन या मृदा है, से हुई है। अपनी पृथ्वी जिस पर हम रहते हैं उसके बारे में तुम सब क्या जानते हो?

**रिमझिमः** पृथ्वी की त्रिज्या 6371 कि.मी. है।

**नीताः** 365 दिनों में यह सूर्य का एक चक्र पूर्ण करती है।

**सूरजः** सूर्य से पृथ्वी तक ऊर्जा पहुँचने में 8 मिनट का समय लगता है।

**बंटीः** और पृथ्वी का केवल एक चंद्रमा है – हमारे चंदा मामा।

**दादाः** बिलकुल सही जानकारी दी तुम सबने । केवल सूर्य के चारों ओर चक्र पूर्ण करने के लिए 365.26 दिन लगते हैं। यही कारण है कि हर चार साल में फरवरी के महीने में एक दिन अतिरिक्त जोड़ दिया जाता है। पृथ्वी की घूर्णन गति भी धीरे-धीरे कम हो रही है। ऐसा अनुमान लगाया जा रहा है कि 14 करोड़ वर्षों में हमारे दिन की लंबाई 24 से 25 घंटे की हो जाएगी।

पृथ्वी के वायुमंडल में 78 प्रतिशत नाइट्रोजन और 21 प्रतिशत ऑक्सीजन है जो प्रकाश संश्लेषण के दौरान पौधों द्वारा कार्बन डाइऑक्साइड की खपत के कारण है। पौधों की अनुपस्थिति में वायुमंडल में कार्बन डाइऑक्साइड की मात्रा बढ़ जाएगी और ऑक्सीजन की मात्रा घट जाएगी। कार्बन डाइऑक्साइड की अधिक मात्रा से इस ग्रह की स्थिति वीनस ग्रह की तरह हो जाएगी और कार्बन डाइऑक्साइड की कम मात्रा

से तापमान नीचे गिरता चला जाएगा। कार्बन डाइऑक्साइड की सही मात्रा से हमारा तापमान −88°C से +58°C के बीच बना रहता है। नाइट्रोजन और ऑक्सीजन, जैविक ऊर्जा उत्पादन के लिए आवश्यक है और इनकी अनुपस्थिति में जीवन संभव नहीं है।

हमारे ग्रह पर जीवन संभव है क्योंकि पृथ्वी के चारों ओर जो ओजोन की परत है वह हमें हानिकारक सूर्य विकिरणों से बचाती है। पराबैंगनी किरणों को यह गैस शोषित कर लेती है। पृथ्वी के 70 प्रतिशत भाग में पानी है और पहला जीवन भी पानी से ही प्रारम्भ हुआ होगा। क्या तुम पृथ्वी के सबसे ऊंचे और गहरे स्थानों के बारे में जानते हो?

**बंटी:** माउंट एवरेस्ट।

**दादा:** हाँ, बराबर। माउंट एवरेस्ट की ऊंचाई 8,848 मीटर है पर सबसे गहरा स्थान चैलेंजर डीप है जो समुद्र तल से 10.9 कि.मी. नीचे है। पिछले कुछ दशकों के अध्ययन से हम इस बात को मानने लगे हैं कि पृथ्वी साधारण और खास दोनों है। साधारण इसलिए क्योंकि इसकी आंतरिक बनावट तीन अन्य ग्रहों के और चंद्रमा के समान है और खास इसलिए कि अभी तक की जानकारी के अनुसार केवल पृथ्वी पर ही जीवन है। पृथ्वी की एक और विशेषता इस पर जल की उपस्थिति है। ऐसा कहा जाता है कि पृथ्वी के निर्माण के समय बहुत सारा वाष्प पृथ्वी के अंदर रहा होगा जो कि ज्वालामुखी की गतिविधियों के द्वारा पृथ्वी के वायुमंडल में आ गया। वायुमंडल में संघनन की प्रक्रिया के द्वारा यह वाष्प पानी बन कर पृथ्वी पर गिर गया। एक दूसरे सिद्धांत के अनुसार उल्का पिंड जब पृथ्वी से टकराए तब उन्होंने बहुत सारा पानी वाला बर्फ पृथ्वी पर जमा कर दिया, जो पिघलने के बाद पानी बन गया।

**सूरज:** दादा जी, पृथ्वी की अंदरूनी बनावट के बारे में भी कुछ बताएं।

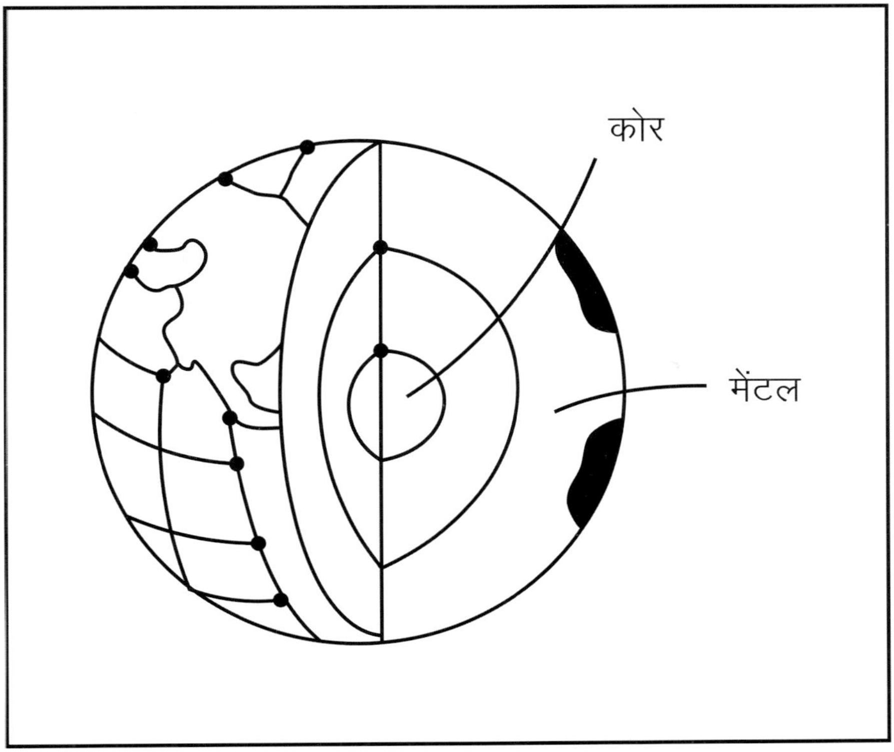


**चित्र-2.5: पृथ्वी की अंदरूनी बनावट**

**दादाः** पृथ्वी का एक अंदरूनी भाग (कोर), एक मेंटल और एक बाहरी परत है जैसा कि सभी स्थलीय ग्रहों में पाया जाता है। निकल-लौह के कोर के ऊपर द्रवीय निकल-लौह है। मेंटल बहुत घना है, ठोस सिलिकेट चट्टानों से बना है और जिसकी चौड़ाई करीबन 2850 कि.मी. है। पृथ्वी की बाह्य पटल ठंडी ठोस है जो गरम मेंटल पर है और सतत गतिमान है। जब ये प्लेट टकराती हैं तब भूकंप आते हैं। पृथ्वी का एक सशक्त चुम्बकीय क्षेत्र है जिसके बारे में यह माना जाता है कि यह निकल-लौह मध्य भाग और तेज घूर्णन के कारण है।

अब चर्चा करते हैं चंद्रमा की जो पृथ्वी का इकलौता उपग्रह है। पृथ्वी पर से चंद्रमा का हमेशा एक ही भाग दिखाई देता है। चंद्रमा का व्यास 3475 कि.मी. है और यह

प्लूटो से भी बड़ा है। चंद्रमा का पृथ्वी पर बड़ा प्रभाव है और हो सकता है कि पृथ्वी पर जीवन होने के लिए भी यह उत्तरदायी हो। ऐसा कहा जाता है कि चंद्रमा की उत्पत्ति पृथ्वी से ही हुई जब एक बहुत बड़ा टुकड़ा किसी मुठभेड़ के बाद अलग होकर चंद्रमा बन गया। कुछ का यह मानना है कि दो चंद्रमा के जुड़ने से एक बड़ा चंद्रमा बना। कुछ यह भी मानते हैं कि एक चंद्रमा पृथ्वी ने शुक्र ग्रह से चुरा लिया होगा। चंद्रमा की सतह पर कई गड्ढे हैं जो उल्काओं के टकराने से बने हैं। इसका वायुमंडल बहुत विरल है जिसके कारण कोई धूल या निशान सदियों तक वैसे ही रह सकते हैं। यहाँ के तापमान में बहुत परिवर्तन होता है। दिन का तापमान 134°C तक और रात का तापमान −153°C तक जाता है। पृथ्वी से चंद्रमा की दूरी 384,400 कि.मी. है। चंद्रमा के गुरुत्व बल के कारण पृथ्वी पर ज्वार भाटा आते हैं।

**नीता:** दादा जी, ग्रहों के बीच में भी कुछ होता है क्या?

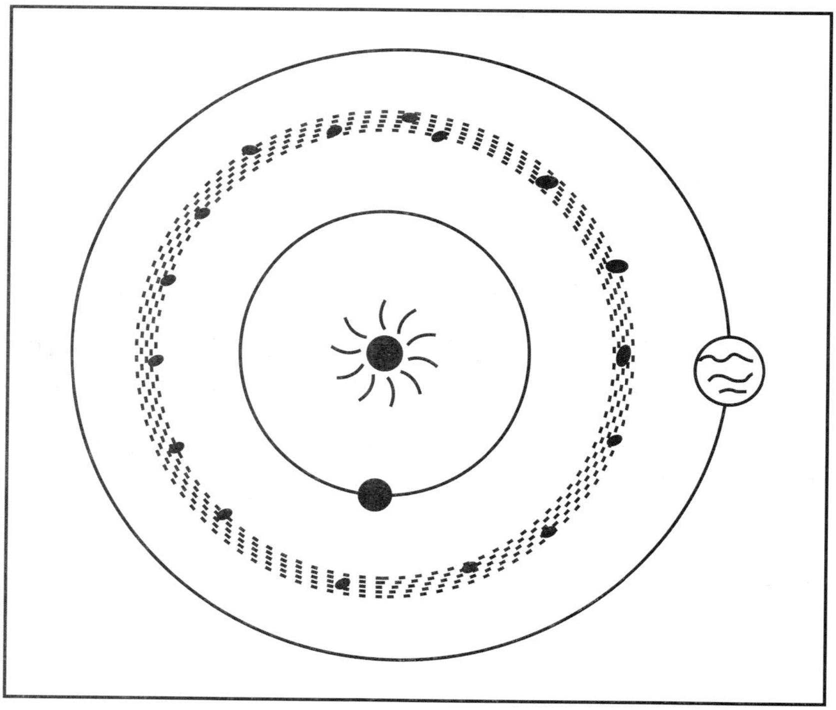

**चित्र-2.6: सूर्य, मंगल और बुध ग्रहों के मध्य क्षुद्र ग्रह की बेल्ट**

**दादाः** सही प्रश्न पूछा नीता तुमने। ग्रह बनते समय बचा हुआ मलबा ग्रहों के बीच घूमता है जिसे क्षुद्र ग्रह (Asteroid), धूमकेतु (comet) और उल्का (Meteorite) कहते हैं। क्षुद्र ग्रह सूर्य का चक्कर लगाने वाले छोटे खगोलीय पिंड हैं जो आकार में ग्रहों से छोटे और उल्काओं से बड़े हैं। मंगल और बृहस्पति ग्रह के मध्य क्षुद्र ग्रहों की बेल्ट है जिसमें हजारों - लाखों क्षुद्र ग्रह हैं। हमारे सौरमंडल में 600,000 से अधिक क्षुद्र ग्रह हैं। एस्ट्रोइड का नामकरण विलियम हरशेल ने रखा था जिसका मतलब स्टार लाइक यानि तारे जैसा है। वैज्ञानिकों के अनुसार 6.5 करोड़ वर्षों पहले ऐसा ही एक क्षुद्र ग्रह पृथ्वी से टकराया और जिसके कारण सारे डायनासौर विलुप्त हो गए।

क्षुद्र ग्रह की तरह धूमकेतु भी छोटे खगोलीय पिंड हैं जो सूर्य का चक्कर लगाते हैं। धूमकेतु के मुख्य घटक जमी हुई अमोनिया, मिथेन और पानी है तथा बहुत कम मात्रा में चट्टानें हैं। कुछ धूमकेतुओं का कक्ष इतना विकेंद्रित और दीर्घ वृत्तीय है कि घूमते-घूमते ये सूर्य के समीप आ जाते हैं। सूर्य की गर्मी से इनकी बर्फ पिघलने लगती है और कुछ सुंदर और अद्‌भुत आकृतियाँ दिखने लगती हैं। धूमकेतु का केंद्र (नाभि) बर्फ और पत्थरों का होता है और नाभि के चारों ओर वाष्प, अमोनिया और कार्बन डाईऑक्साइड गैस होती है, जिन्हें कोमा कहते हैं। नाभिक से उड़ कर गए धूल के कण और गैसों से धूमकेतु की पूंछ बनती है जो दूर से दिखाई देती है। धूमकेतु जहां सौर्य पवन (सोलर विंड) से टकराते हैं वहाँ से आयनित गैसें निकलती हैं जिन्हें आयन पूंछ कहते हैं। हैली धूमकेतु और हैली बॉप (Hale Bopp) धूमकेतु कुछ प्रचलित धूमकेतु हैं। हैली धूमकेतु हर 75-76 वर्ष बाद दिखता है और Hale Bopp 2300 वर्षों के बाद दिखेगा। ऐसा माना जाता है कि धूमकेतु का उद्‌गम स्थान कूपियर बेल्ट है जो प्लूटो के बाद है।

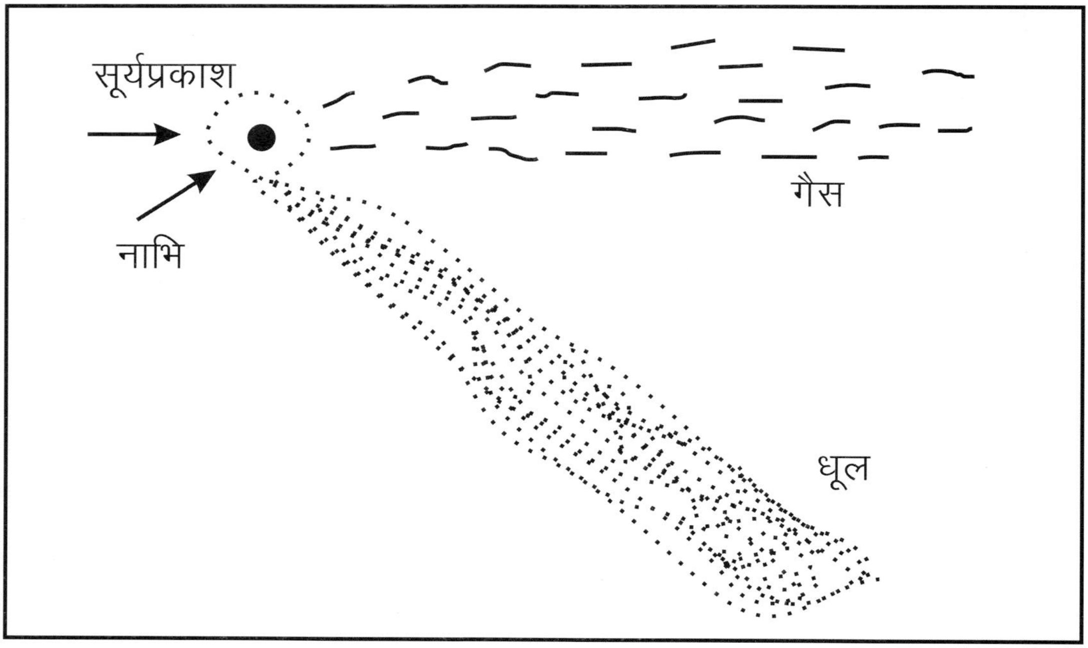


**चित्र-2.7: धूमकेतु**

उल्का को शूटिंग स्टार या फालिंग स्टार भी कहा जाता है और ये छोटे छोटे खगोलीय पिंड हैं जो पृथ्वी पर गिरते हैं। उल्कापात के समय 100 उल्का प्रति घंटे की गति से उन्हें गिरते देखा जा सकता है। साधारणतया छोटे छोटे पिंड वायुमंडल में ही वाष्पित हो जाते हैं पर कुछ बड़े टुकड़े पृथ्वी तक पहुँचने में सफल हो जाते हैं। ये 10 से 70 कि.मी. प्रति सेकंड की गति से आते हैं और वायुमंडल में घर्षण के कारण जलने लगते हैं।

तो बच्चों ये थी हमारे सौरमंडल की जानकारी। इसकी विशालता के बारे में तो तुम्हें कल्पना हो ही गयी होगी। हम अभी भी इसके अनजाने रहस्यों की खोज कर रहे हैं। तो एक बार हम फिर से दोहराते हैं। हमारे सौरमंडल में 8 ग्रह और 5 बौने ग्रह हैं। इसमें 178 चंद्रमा हैं और कुल 3319 धूमकेतु हैं।

**बंटीः** दादा जी मैंने एक कविता लिखी है, आप सब को सुनाता हूँ। हम सब मिल कर गाते हैं।

अरे देखो कितने सारे, कितने प्यारे,

आसमान के चाँद सितारे।

सात ग्रह और यह पृथ्वी हमारी,

सूरज का चक्कर लगाते सारे।।

❑❑❑

*अध्याय 3*

# अंतरिक्ष की खोज

दोपहर का समय था। बंटी और रिमझिम बैठ कर बातें कर रहे थे तभी घंटी बजी। दरवाजा खोला तो देखा कि पापा और वर्मा अंकल खड़े थे। पापा इतनी जल्दी कैसे आ गए पूछने पर पापा के पहले वर्मा अंकल ने मिठाई का डब्बा बंटी और रिमझिम की ओर बढ़ाया और कहा कि उनका बेटा अमित रेस में पहले नंबर पर आया है और अब राष्ट्रीय खेलों में भाग लेगा ।

**वर्मा जी:** और बंटी, रिमझिम क्या चल रहा है आजकल?

**बंटी:** कुछ नहीं अंकल, हमारा चचेरा भाई आदित्य अमेरिका से आ रहा है तो उस के साथ क्या-क्या देखने जाएंगे और क्या करेंगे इस पर मैं और रिमझिम प्लान बना रहे हैं। अंकल, अमित भैया ने किस रेस में भाग लिया, क्योंकि रेस तो कई प्रकार की होती हैं।

**वर्मा जी:** बंटी बेटा, अमित तो 800 मीटर दौड़ में भाग लेता है। पर एक बात तुमने सही कही कि दौड़ कई प्रकार की होती हैं। कुछ दौड़ें खेल भावना से खेली जाती है और कुछ में बहुत कुछ दांव पर लग जाता है।

बाहर गाड़ी रुकने की आवाज आते ही बंटी और रिमझिम भागकर बाहर गए। आदित्य

और रमन अंकल आ गए थे। आदित्य वाशिंगटन में रहता है। वह बंटी और रिमझिम को वहाँ के संग्रहालयों के बारे में बताने लगा।

**आदित्यः** बंटी तुम्हें पता है, इंडिया आने के पहले मैं राष्ट्रीय वायु और अंतरिक्ष संग्रहालय में गया था। वहाँ के एक खंड का नाम स्पेस रेस है। नाम पढ़कर मुझे बड़ा अटपटा लगा था।

**बंटीः** कल ही वर्मा अंकल कह रहे थे कि रेस कई प्रकार की होती है पर ये तो कोई नयी रेस है। चलो चलकर चाचा से पूछते हैं। रमन चाचा, ये स्पेस रेस क्या है?

**रमनः** बच्चों, द्वितीय विश्व युद्ध के बाद अपना वर्चस्व सिद्ध करने के लिए उस समय की दो महाशक्तियां अमेरिका और सोवियत संघ के बीच लड़ा जाने वाला यह शीत युद्ध था, जिसमें दोनों में अंतरिक्ष में वर्चस्व स्थापित करने की होड़ लगी थी। यह दौड़ वर्ष 1957 से प्रारम्भ होकर वर्ष 1975 तक चलती रही। बाद में एक समझौते के अंतर्गत दोनों महाशक्तियाँ इस क्षेत्र में मिलकर कार्य करने लगीं।

**आदित्यः** पापा, पर ये दौड़ कैसे खेली गयी?

**रमनः** बेटा, इस दौड़ के कोई नियम नहीं थे। द्वितीय विश्व युद्ध में कब्जा किए हुए जर्मन रॉकेट प्रौद्योगिकी और वैज्ञानिकों के सहयोग से प्रक्षेपास्त्र आधारित परमाणु हथियार बनाने की होड़, स्पेस रेस की जड़ में थी। ऐसा माना जाने लगा था कि राष्ट्रीय सुरक्षा के लिये तथा वैचारिक श्रेष्ठता के लिए इस तकनीक में वर्चस्व होना जरूरी है। अंतरिक्ष की इस रेस या दौड़ ने कृत्रिम उपग्रहों के प्रक्षेपण; चंद्रमा, शुक्र और मंगल ग्रहों के लिए मानव रहित अंतरिक्ष यान; तथा चंद्रमा और कम ऊंचाई वाले कक्ष में मानव अंतरिक्ष उड़ान में पथ प्रदर्शिका का कार्य किया। वैसे अंतरिक्ष रेस के सैन्य लाभ भी थे पर अमेरिका और सोवियत संघ का उद्देश्य सैन्य ताकत बढ़ाना नहीं था। दोनों देशों की आबादी ने अंतरिक्ष कार्यक्रम में बहुत रुचि ली। दोनों महाशक्तियों के लिए यह अपनी श्रेष्ठता प्रदर्शन के लिए बहुत उपयोगी साधन था।

**रिमझिमः** चाचा, इस रेस में कौन जीता? पहला उपग्रह कौन सा था और किसका था?

**रमनः** इसके पीछे भी एक दिलचस्प घटना है। वर्ष 1955 में दोनों महाशक्तियाँ मिसाइल के प्रयोग से अंतरिक्ष में उपग्रह प्रक्षेपण के लिए प्रयास कर रहीं थीं। उसी वर्ष चार दिनों के अंतराल में दोनों देशों ने यह सार्वजनिक घोषणा की, कि वे आने वाले वर्षों में कृत्रिम उपग्रह छोड़ेंगे। अमेरिकी राष्ट्रपति के प्रेस सचिव ने बताया कि अंतर्राष्ट्रीय भू भौतिकी वर्ष में योगदान के रूप में, अमेरिका पृथ्वी का चक्कर लगाने वाले छोटे-छोटे उपग्रह छोड़ेगा। इस घोषणा के चार दिनों के बाद ही सोवियत संघ के वैज्ञानिक ने निकट भविष्य में कृत्रिम उपग्रह छोड़ने की सोवियत संघ के इरादे की घोषणा की।

सबसे पहला कृत्रिम उपग्रह स्पूतनिक था जो सोवियत संघ ने 4 अक्टूबर, 1957 को छोड़ा था। यह एक करीबन 60 सेंटीमीटर व्यास का धातु का गोला था जिसमें रेडियो कंपन के प्रसारण के लिए चार रेडियो ऐंटेना लगे थे।

स्पूतनिक में कोई संवेदक नहीं लगा था फिर भी पृथ्वी से इसका अध्ययन करके वैज्ञानिकों ने बहुत उपयोगी जानकारी प्राप्त की।

उपग्रह स्पूतनिक को बैकनूर (कजाकस्तान) से छोड़ा गया था। इसका मतलब 'साथी' होता है और खगोल शास्त्र में इसका मतलब उपग्रह है। स्पूतनिक के एक महीने के बाद ही सोवियत संघ ने दूसरा उपग्रह छोड़ा जिसमें पहली बार किसी जीवित प्राणी को अंतरिक्ष में भेजा गया। एक कुतिया 'लाईका' नवंबर 1957 में अंतरिक्ष में भेजी जाने वाली और पृथ्वी का चक्कर लगाने वाली पहली प्राणी बनी। दोनों देशों के बीच सबसे पहले आगे जाने की होड़ चलती रही और इस बीच सोवियत संघ ने फिर बाजी मारी।

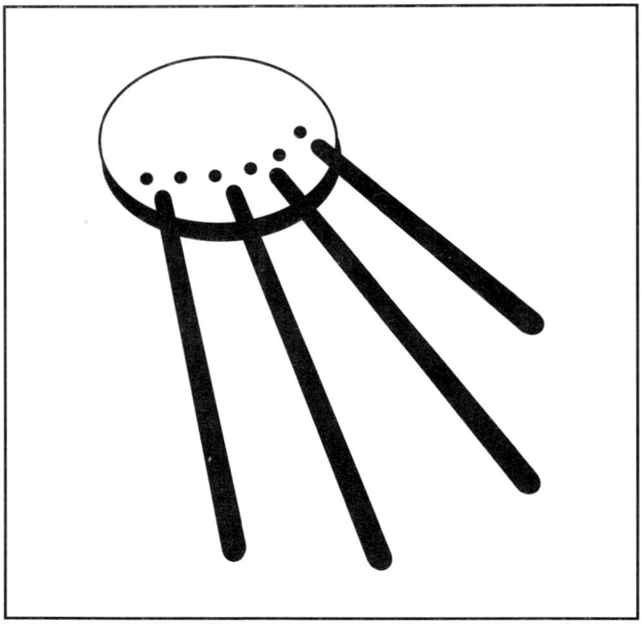

**चित्र-3.1: स्पूतनिक उपग्रह**

वोस्तोक कार्यक्रम के अंतर्गत, पहले अंतरिक्ष यात्री के रूप में वर्ष 1961 में यूरी गागरिन अंतरिक्ष में जाने वाले पहले यात्री बने। इसके तुरंत बाद ही एलन शेफार्ड अमेरिका के पहले अंतरिक्ष यात्री बने जो गागरिन जैसी ऊंचाई पर तो नहीं जा सके पर उनके हाथ में स्वयं नियंत्रण था जो गागरिन ने नहीं किया था।

बच्चों, क्या तुम्हें पता है कि अंतरिक्ष में जाने वाली सबसे पहली महिला कौन थी?

**रिमझिमः** हाँ चाचा, मैंने पढ़ा था। उनका नाम वेलेंटिना टेरेस्कोवा था।

**रमनः** सही बताया रिमझिम । जून 1963 में अंतरिक्ष में जाने वाली पहली महिला होने का गौरव उन्हें प्राप्त हुआ था। अंतरिक्ष में चलने वाले (स्पेस वॉक) पहले व्यक्ति का नाम आलेक्सी लियोनोव था जो रूसी नागरिक थे और यह सफलता उन्हें मार्च 1965 में मिली थी।

**चित्र-3.2: अंतरिक्ष यात्री और उसका स्पेस सूट**

**बंटी:** चाचा जी, चंद्रमा पर भी तो अंतरिक्ष यान गए होंगे। उनके बारे में भी तो कुछ बताइये ।

**रमन:** बंटी, चंद्रमा पृथ्वी का सबसे निकट का खगोलीय पिंड है जिसके बारे में सभी को उत्सुकता रही है। 1610 में गैलेलियो गैलेली ने दूरबीन से चंद्रमा का निरीक्षण किया था। 1959 में रूसी अंतरिक्ष यान लूना 2 चंद्रमा तक पहुंचा और 1966 में लूना 9 चंद्रमा पर उतरा। अमेरिका के अंतरिक्ष कार्यक्रम को देखने वाली संस्था नासा के लूनार ऑर्बिटर ने 1967 में चंद्रमा के चित्र खीचने का कार्य पूर्ण किया। अपोलो 8 पहली मानव सहित उड़ान थी जिसने चंद्रमा के 10 चक्कर लगाए और पृथ्वी पर वापस़ आ गया। अमेरिका का चंद्रमा पर पहुँचने का अभियान इसी प्रकार चलता रहा और वर्ष 1969 में अपोलो 11 पहली बार चंद्रमा पर जाकर वहाँ से नमूने लेकर आया।

**चित्र–3.3: चंद्रमा पर पहला कदम**

चंद्रमा पर सबसे पहले कदम 21 जुलाई, 1969 को नील आर्मस्ट्रांग के पड़े जो अपोलो 11 परियोजना द्वारा गए थे। तुम्हें पता है चंद्रमा पर कदम रखने के बाद उन्होने क्या कहा? 'एक व्यक्ति का छोटा कदम, एक मानवता के लिए बड़ी छलांग'।

वर्ष 1990 में नासा के गैलीलियो अंतरिक्ष यान ने चंद्रमा के पृथ्वी से न दिखने वाले भाग के पहली बार चित्र लिए और 1994 में नासा के ही क्लेमेंटाईन मिशन ने बहुवर्णीय (spectral) चित्र लिए। भारत के लिए वर्ष 2008 बहुत ही अविस्मरणीय वर्ष था जब भारतीय अंतरिक्ष अनुसंधान संगठन ने चंद्रयान–1 चन्द्रमा पर भेजा।

चलो, तुम सबको एक मजे की बात बताता हूँ। चंद्रमा पर पहला कदम रख कर प्रसिद्ध होने के बाद जब नील आर्मस्ट्रोंग सहित तीनों अंतरिक्ष यात्री धरती पर सकुशल

पहुंचे तब वे हवाई द्वीप समूह लाये गए। इसके बावजूद कि वे अभी-अभी चंद्रमा से सकुशल वापस आए अंतरिक्ष यात्री थे, उन्हें सुरक्षा जांच पर कस्टम फॉर्म भरना पड़ा। फॉर्म में दी गई जानकारी इस प्रकार थी -

कहाँ से आए हैं - चंद्रमा

फ्लाइट नंबर - अपोलो 11

साथ लाया समान - चंद्रमा के पत्थर और धूल

क्या व्यक्ति बीमारी से ग्रसित है - नहीं

विमान में स्वास्थ्य की ऐसी कोई दशा जिससे बीमारी फैल सके - अभी पता लगाना है।

है न मजेदार जानकारी।

**बंटी:** ये कैसे पता लगा चाचा ?

**रमन:** नासा ने वर्ष 1969 में पृथ्वी और पृथ्वीवासियों को अंतरिक्ष यान और अंतरिक्ष से आने वाले यात्रियों से होने वाले अंजान खतरों से बचाने के लिए एक परग्रही अरक्षितता कानून बनाया जिसके अंतर्गत कुछ समय के लिए बाहर से आई वस्तुएं और व्यक्ति को अलग रखा जाता है। चंद्रमा से आए अंतरिक्ष यात्रियों को तीन हफ्तों के लिए पृथक स्थान पर अकेले रखा गया, दूर से ही उनकी जांच की गयी और फिर सही घोषित किया गया।

इतने में दरवाजे की घंटी बजी। रिमझिम ने जाकर दरवाजा खोला तो देखा दादा जी खड़े थे।

**दादा:** क्या चल रहा है बच्चों। रमन के साथ गपशप चल रही है ?

**रिमझिम:** हाँ दादाजी। चाचा हमें स्पेस रेस के बारे में बता रहे थे।

**दादा:** हाँ रिमझिम, अमेरिका के चाँद पर पहुँचने के बाद एक तरह से यह रेस समाप्त हो गयी। सोवियत संघ ने अपना ध्यान बाह्य अंतरिक्ष पर केन्द्रित कर दिया।

**रिमझिम:** दादा जी, रूसी अंतरिक्ष कार्यक्रम के बारे में विस्तार से बताएं।

**दादा:** अमेरिका का अंतरिक्ष कार्यक्रम देखने के लिए नासा की स्थापना हुई पर सोवियत संघ में आपसी प्रतिस्पर्धा बहुत थी। वहाँ पर कई संस्थान अलग-अलग कार्य कर रहे थे और उनमें एकता की कमी थी। वैसे सोवियत संघ ने कई कीर्तिमान स्थापित किए। बंटी वह किताब तो उठाना। इस पुस्तक में रूसी अंतरिक्ष कार्यक्रम की सफलता की जानकारी दी गई है। ये देखो इस सारणी में कुछ वे कीर्तिमान दिये गए हैं जिसमें सोवियत संघ प्रथम था।

### सारणी-3.1: पहले सोवियत कीर्तिमान

| वर्ष | कीर्तिमान |
|---|---|
| 1957 | पहला उपग्रह स्पूतनिक 1 |
| 1957 | पहला जानवर (लायका) स्पूतनिक 2 |
| 1959 | चंद्रमा पर टकराने वाला प्रोब - लूना 2 |
| 1960 | अंतरिक्ष से सफल वापसी - बेल्का और स्ट्रेल्का दो कुत्तों की |
| 1961 | पहला अंतरिक्ष यात्री - यूरी गागरिन |
| 1961 | शुक्र ग्रह के लिए खोजी यान - मार्स 1 |
| 1963 | पहली महिला अंतरिक्ष यात्री - वेलेंटिना टेरेस्कोवा |
| 1965 | दूसरे ग्रह (शुक्र) पर टकराने वाला प्रोब - वेनेरा 3 |
| 1966 | चंद्रमा के कक्ष में पहला प्रोब - लूना 10 |

| वर्ष | कीर्तिमान |
|---|---|
| 1969 | अंतरिक्ष में दो यानों का मिलन - सोयूज 4 और 5 |
| 1970 | चंद्रमा पर से मृदा के नमूने लाकर पृथ्वी पर वापस आना - लूना 16 |
| 1970 | चंद्रमा पर रोवर - लूनोखोड़ 1 |
| 1971 | पहला अंतरिक्ष स्टेशन - सैल्यूट 1 |
| 1971 | मंगल ग्रह पर टकराने वाला पहला प्रोब - मार्स 2 |
| 1971 | मंगल ग्रह पर उतरने वाला पहला प्रोब - मार्स 3 |
| 1975 | शुक्र का चक्कर लगाना, उस पर उतरना और पहला चित्र भेजना - वेनेरा 9 |
| 1984 | अंतरिक्ष में भ्रमण करने वाली पहली महिला - स्वेत्लाना स्वस्तिकाया |
| 1986 | पहला अंतरिक्ष अभियान दल जो दो अंतरिक्ष स्टेशन मीर और सेल्यूट 7 पर गया |
| 1987 | पहला दल जिसने एक वर्ष से अधिक का समय अंतरिक्ष में बिताया - व्लादिमीर टिटोव और मूसा मानारोव (सोयूज TM - 4 - मीर) |

**आदित्य:** दादा जी। संग्रहालय में वॉयजर अंतरिक्ष यान का प्रारूप था। वॉयजर क्या है?

**दादा:** वॉयजर अभियान दो रोबोट प्रोब (खोजी) वॉयजर 1 एवं वॉयजर 2 के उपयोग से बाह्य सौरमंडल के अध्ययन के लिए चलाए गए अमेरिकी वैज्ञानिक अभियान हैं। ये वर्ष 1977 में प्रक्षेपित किए गए थे। इनका मूल अभियान केवल बृहस्पति और शनि की ग्रह प्रणाली का अध्ययन करना था, परंतु वॉयजर 2 ने यूरेनस और नेपच्यून ग्रहों का भी अध्ययन किया। अब ये दोनों खोजी अंतरिक्षयान 38 वर्ष बीतने के बावजूद भी कार्य कर रहे हैं और हीलिओ स्फियर (प्लूटो के कक्ष के बहुत दूर) का अध्ययन कर रहे हैं। सितंबर 2013 में नासा ने बताया कि वॉयजर 1 तारों के मध्य के स्थान

(इंटर स्टेलर जगह) में पहुँच गया जब उपकरणों द्वारा नापे गए प्लाज्मा के घनत्व में 40 गुना बढ़ोतरी आँकी गयी। वॉयजर में उच्च वृद्धि ऐंटेना, स्टार संवेदक, कैमरा और लौकिक किरण संवेदक लगे हैं।

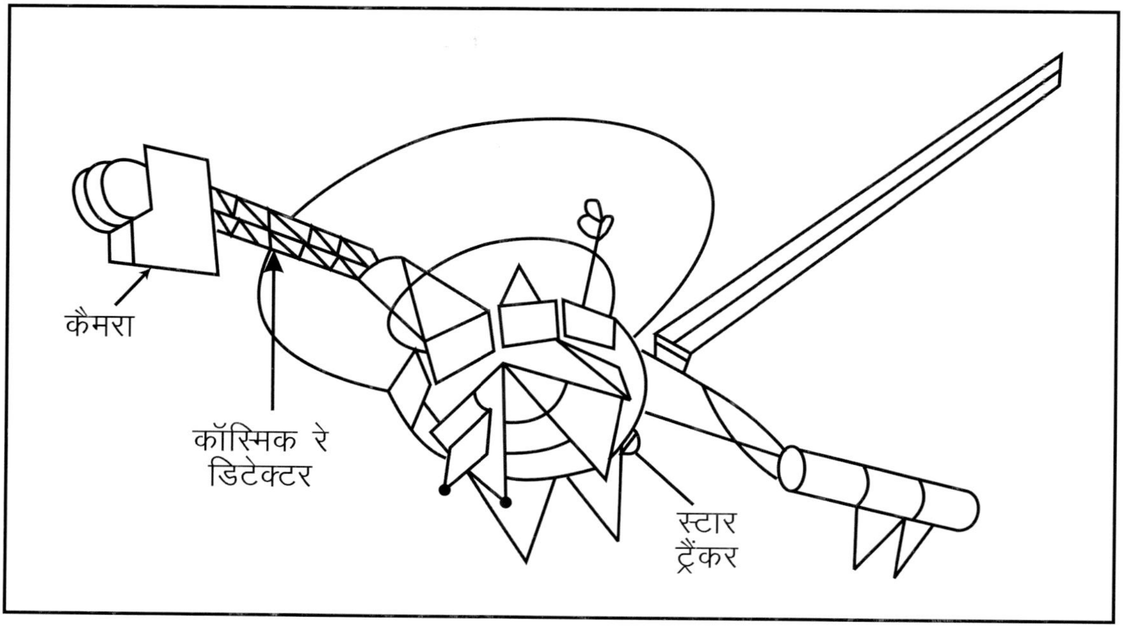


**चित्र-3.4: वॉयजर अंतरिक्ष यान**

वॉयजर 1 और वॉयजर 2 के प्रक्षेपण के पहले नासा ने दो और खोजी अंतरिक्ष यानों को अंतरिक्ष में भेजने और बाह्य सौरमंडल के अध्ययन की योजना बनाई। पायोनियर 10 और 11 का उद्देश्य मंगल ग्रह, क्षुद्र ग्रह पट्टी (एस्ट्रोइड बेल्ट) और बृहस्पति का अध्ययन करना था। इसे वर्ष 1972 में छोड़ा गया था। इसने कई सारे कीर्तिमान रचे। मंगल ग्रह के आगे जाने वाला यह पहला अंतरिक्ष यान था। पहली बार किसी यान ने क्षुद्र ग्रह पट्टी को पार किया और यह पहला यान था जो हमारी सौर्य प्रणाली से बाहर निकला। इसके द्वारा बृहस्पति और उसके चंद्रमा के चित्र भेजे गए जिनसे उनके बारे में जानकारी मिली। इन यानों में एक पट्टिका भेजी गयी है जिसमें सौरमंडल का रेखा चित्र है और उसमें सूर्य के सापेक्ष ग्रहों और पृथ्वी की स्थिति दिखाई गयी है। इसमें एक स्त्री और पुरुष का रेखा चित्र है। यह किसी परग्रही को यान और पृथ्वीवासियों

के बारे में बताने के लिए है। पायोनियर 10 से सबसे आखिरी बार आंकड़े वर्ष 2002 में मिले थे। यह अब वृषभ तारामंडल के आँख के तारे एल्डेबरान की दिशा में जाता जा रहा है। नासा के एक आकलन के अनुसार 65 प्रकाशवर्ष की दूरी को तय करने में पायोनियर 10 को 20 लाख वर्ष लगेंगे।

**रमनः** पापा मैं स्टेशन जा रहा हूँ। नयना आने वाली है उसे लेकर आता हूँ।

**बंटी:** चाचा, मैं भी चलता हूँ बुआ को लाने।

**रिमझिमः** आदित्य चलो हम भी चलते हैं बुआ को लाने। दादा जी आप भी चलिये न। बड़ा मजा आएगा।

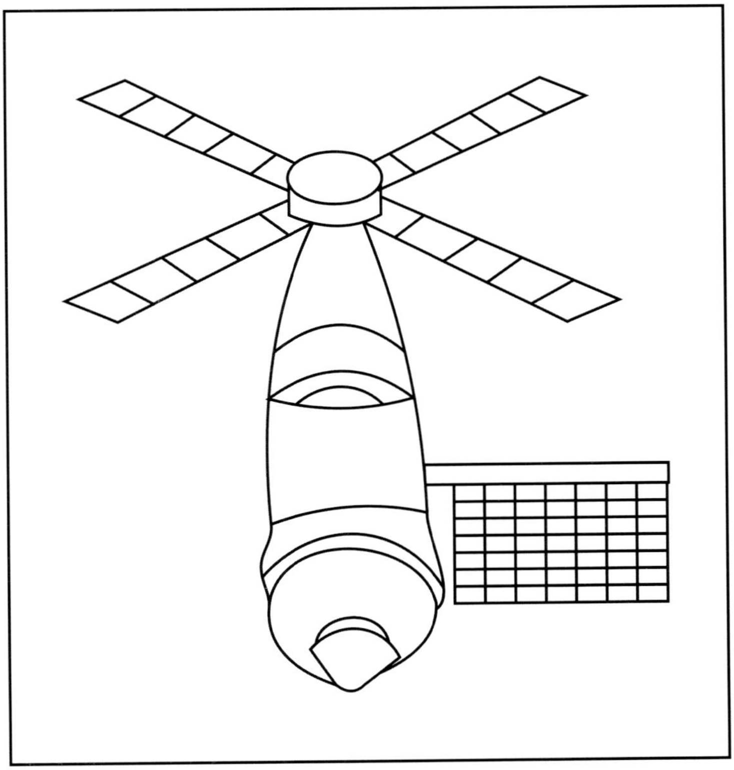

**चित्र-3.5: स्काइलैब अंतरिक्ष स्टेशन**

स्टेशन पर गाड़ी आने में देर थी। पता चला ट्रेन आधा घंटा देरी से चल रही थी। दादा जी और बच्चे स्टेशन के एक कोने में जाकर घूमने लगे। घूमते-घूमते दादा जी बोले।

**दादाः** बच्चों तुम्हें पता है अंतरिक्ष में भी स्टेशन है। अमेरिका का अंतरिक्ष में पहला स्टेशन स्काइलैब था, जो 1973 से 1979 तक पृथ्वी की कक्षा में चक्कर लगाता रहा। इसे मानव रहित छोड़ा गया था, पर बाद में 3 मिशन में 3-3 वैज्ञानिकों ने वहाँ जाकर कार्य किया। स्काइलैब ने जुलाई 1979 में पृथ्वी के वायुमंडल में वापस प्रवेश किया। सभी उस समय बहुत डरे हुए थे कि अब क्या होगा? धरती नष्ट हो जाएगी। कई लोगों ने पूजा-पाठ, व्रत वगैरह करना प्रारम्भ कर दिया था। लेकिन इसके वापस आने में कोई दुर्घटना नहीं हुई और स्काइलैब के टुकड़े पर्थ(ऑस्ट्रेलिया) के पास समुद्र में गिरे ।

**आदित्यः** अरे वाह दादाजी। मैंने स्काइलैब का प्रारूप संग्रहालय में देखा था पर तब मुझे इतनी रोचक जानकारी पता नहीं थी ।

तभी स्टेशन पर ट्रेन के आने की सूचना हुई। नयना उसे लेने आए इतने सारे लोगों को देख आश्चर्य चकित हो गयी।

**नयनाः** और आदित्य, कैसे हो? सफर बढ़िया रहा न? कोई परेशानी तो नहीं हुई? तुम सब लोग कैसे आ गए स्टेशन?

**आदित्यः** बुआ हमारा सफर बढ़िया रहा और हम कल ही आये। दादा जी और पापा हमें अंतरिक्ष की खोज के बारे में बता रहे थे। अभी-अभी दादा जी ने अंतरिक्ष स्टेशन स्काइलैब के बारे में बताया ।

**दादाः** अब घर चलते हैं। बाकी बातें घर चल कर होंगी। नयना, तुम्हारी किताबें निकाल कर रखना। ये बच्चे तुम्हें छोड़ेंगे नहीं।

**नयनाः** पापा मुझे पता था, इसलिए मैं बहुत सारी जानकारी एकत्र कर लायी हूँ ताकि इन सब के प्रश्नों के उत्तर दे सकूँ।

**रिमझिमः** बुआ हमें दूसरे अंतरिक्ष स्टेशन के बारे में बताइए न।

**नयनाः** जरूर, पर पहले घर तो पहुंचे। घर में बने व्यंजनों का स्वाद भी तो लेना है ।

खाना खाकर बड़े लोग आराम करने चले गए पर बच्चों को चौन कहाँ। घंटी बजी तो सूरज और नीता आ गए थे जिन्हें रिमझिम ने फोन कर के बुला लिया था। रिमझिम ने उनका और आदित्य का परिचय करवाया। अब सब बच्चों ने नयना को घेर लिया।

**नयनाः** आओ, बैठो तुम सब। अब हम बात करते हैं मीर अंतरिक्ष स्टेशन की। यह सोवियत संघ द्वारा परिकल्पित और बनाया गया अंतरिक्ष स्टेशन है जो 15 से अधिक वर्षों तक कार्य करता रहा। यह सोवियत संघ के गौरवमय अतीत एवं भविष्य को दर्शाने वाला एक महान प्रतीक था। अंतरिक्ष में बीज से गेंहू की फसल उगाने का काम भी मीर स्टेशन में हुआ। वर्तमान में कार्यरत अंतरराष्ट्रीय अंतरिक्ष स्टेशन (ISS) के लिए मीर स्टेशन एक अग्रदूत (precursor) था। पहली बार इसमें 400 से अधिक दिनों तक यात्री रहे और लंबी अवधि का स्वास्थ्य और मनोविज्ञान पर प्रभाव का अध्ययन भी किया गया।

कई वर्षो तक आपसी मन मुटाव के बाद अमेरिका और सोवियत संघ ने आपस में मिलक़र एक साथ मीर परियोजना में कार्य किया। एक समझौते के अंतर्गत नासा ने अपने अंतरिक्ष यात्रियों को मीर में प्रयोग करने भेजा। मीर एक प्रमापीय (modular) स्टेशन था जिसमें अलग-अलग भाग जाकर जुड़ जाते थे।

मीर के प्रति सभी के विचार अलग अलग थे। यह विवादास्पद भी था और महान भी। इसे मजबूत और कमजोर दोनों श्रेणी में रखा गया। इसे आदरणीय भी कहते हैं और परित्यक्त भी। मीर 13.1 मीटर लंबा था और इसके मुख्य भाग में कार्य करने की सुविधाएं थीं। मार्च 2001 में मीर पृथ्वी के वायुमंडल में आकर नष्ट हो गया। इसके कुछ बड़े-बड़े टुकड़े प्रशांत महासागर में गिरे। इस स्टेशन के अभूतपूर्व इतिहास ने अमेरिका और सोवियत संघ को कई सारे पाठ पढ़ाये।

**आदित्यः** नयना बुआ, अंतरराष्ट्रीय अंतरिक्ष स्टेशन (आई. एस. एस.) के बारे में भी तो कुछ बताइये।

**चित्र-3.6: मीर अंतरिक्ष स्टेशन**

**नयनाः** आदित्य, अंतरराष्ट्रीय अंतरिक्ष स्टेशन एक रहने योग्य उपग्रह है जिसकी कक्षा पृथ्वी से कम ऊंचाई पर है। 1998 में प्रक्षेपित होने के बाद से यह कक्षा में घूमने वाला सबसे बड़ा कृत्रिम पिंड है जिसे नंगी आँखों से भी देखा जा सकता है। यह आज तक के इतिहास की सबसे जटिल अंतरराष्ट्रीय वैज्ञानिक और इंजीनियरिंग परियोजना है जिसके द्वारा सबसे बड़ा पिंड अंतरिक्ष में घूमते हुए पृथ्वी का चक्कर लगा रहा है। यह कृत्रिम उपग्रह नई-नई प्रौद्योगिकी के लिए प्रयोगशाला तथा खगोलीय पर्यावरण और भूगर्भीय शोध के लिए एक अवलोकन स्थान है। यह अंतरिक्ष में और आगे खोज करने के लिए एक मील का पत्थर है। इसके मॉड्यूल की लंबाई 51 मीटर, ट्रस की 109 मीटर और सौर पट्टिका की लंबाई 73 मीटर है। इसका वजन लगभग 419,450 कि.ग्रा. है। इसमें रहने का स्थान करीबन 388 घन मीटर है और इसमें 84 किलोवाट बिजली का उत्पादन होता है।

यह नौंवा अंतरिक्ष स्टेशन है जिसमें लंबे समय तक मानव के निरंतर रहने का कीर्तिमान बन गया है। यहाँ पर अंतरिक्ष यात्री और अंतरिक्ष पर्यटक दोनों ही आए हैं। 15 देशों के अंतरिक्ष विभागों ने 100 अरब डॉलर की अंतरराष्ट्रीय अंतरिक्ष स्टेशन की परियोजना में भागीदारी की है, जिसमें से प्रमुख अमेरिका, यूरोप, कनाडा, जापान और रूस के अंतरिक्ष संगठन हैं। आई.एस.एस. पृथ्वी से करीबन 400 कि.मी. की ऊंचाई पर भ्रमण करता है। अपनी 28000 कि.मी.प्रति घंटे की गति से 90 मिनट में पृथ्वी का एक चक्कर पूरा करता है। इसके द्वारा एक दिन में तय की हुई दूरी पृथ्वी से चंद्रमा तक जाकर आने के लगभग बराबर है।

**रिमझिमः** बुआ, इतने बड़े स्टेशन को अंतरिक्ष में कैसे ले गए?

**नयनाः** अरे रिमझिम, पूरा स्टेशन एक साथ नहीं गया। इसे खंडों-खंडो में ले जाकर जोड़ा गया। जार्या (Zarya) इसका पहला खंड था। आई.एस.एस. एक तीसरी पीढ़ी का प्रमापीय (Modular) स्टेशन है जिसे मिशन / समय के साथ बदला जा सकता है। नए खंड लगाए जा सकते हैं और पुराने निकाले जा सकते हैं। जार्या के बाद अमेरिका का यूनिटी इससे जुड़ा। ज्वेदा (Zveda) में सभी आवश्यक कार्यप्रणाली है। डेस्टिनी में अमेरिका की शोध प्रयोगशाला है। क्वेस्ट (Quest)

अंतरिक्ष में चलने (स्पेस वाक) के लिए काम में आने वाला खंड है। पीर्स (Pirs) और पोइस्क (पोइस्क) रूस के खंड हैं जो क्रमशः डॉकिंग (Docking) और अनुसंधान के लिए काम में आते हैं। हार्मोनी (Harmony) एक उपयोग केंद्र है जो कई घटकों को जोड़ने का कार्य करता है। ट्रेनक्वीलिटी (Tranquility) अमेरिका का तीसरा खंड है जो दूषित पानी के पुनः प्रयोग के लिए अतिरिक्त जीवन प्रणाली है। इसके साथ ही यह ऑक्सीजन का पूरक उत्पादन भी करता है। कोलंबस यूरोपीय नीतभार के लिए प्रारम्भिक अनुसंधान सुविधा प्रदान करता है। यहाँ पर जीव विज्ञान, जैव चिकित्सा अनुसंधान और तरल भौतिकी पर शोध कार्य होता है।

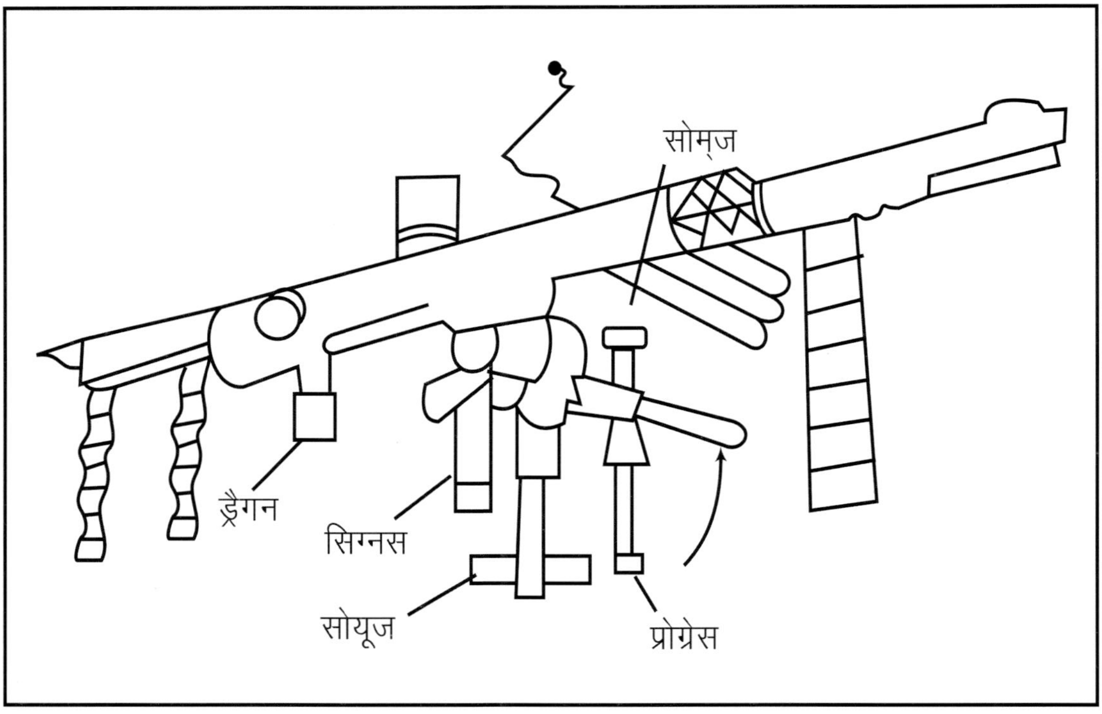


**चित्र-3.7: अंतरिक्ष स्टेशन आई एस एस 2016 का विन्यास**

जापानी घटक का नाम कीबो है। यहाँ पर अंतरिक्ष चिकित्सा, जीव विज्ञान, जैव प्रौद्योगिकी, संचार अनुसंधान आदि पर कार्य होता है। कुपोला (Cupola) एक सात

खिड़कियों वाली वेधशाला है जिसका उपयोग पृथ्वी तथा अंतरिक्ष यानों की डॉकिंग देखने में किया जाता है।

**नीताः** वाह बुआ, बहुत जानकारी दी आपने आई.एस.एस. के बारे में। बुआ, दादा जी ने ग्रहों के बारे में बताया था। क्या ग्रहों के अध्ययन के लिए अलग अलग अभियान चलाये गए।

**नयनाः** हाँ नीता। सौरमण्डल अन्वेषण के लिए कई योजनाएँ बनीं। उनकी काम करने की पद्धति के आधार पर उन्हें कई वर्गों में बाँटा जा सकता है। जो यान खगोलीय पिंडों का चक्कर लगाते हैं उन्हें कृत्रिम उपग्रह कहते हैं। वायुमंडल का अध्ययन करने वाले यानों को वायुमंडलीय प्रोब कहते हैं। जो खोजी मशीन या प्रोब किसी खगोलीय सतह पर घूमता है उसे रोवर कहते हैं।

जब खोजी मशीन किसी खगोलीय पिंड पर उतरता है तब उसे लैंडर या उतरने वाला कहते हैं। जब प्रोब अनियंत्रित तरीके से किसी खगोलीय पिंड से टकराता है तब उसे इम्पैक्ट या मुठभेड़ कहते हैं। कुछ यान किसी खगोलीय कक्ष के पास से गुजर जाते हैं तब उसे फ्लाइबाई कहते हैं। कुछ प्रोब खगोलीय पिंड पर जाकर वहाँ से कुछ नमूने लेकर वापस आते हैं तब उन्हें सेंपल रिटर्न की श्रेणी में रखा जाता है।

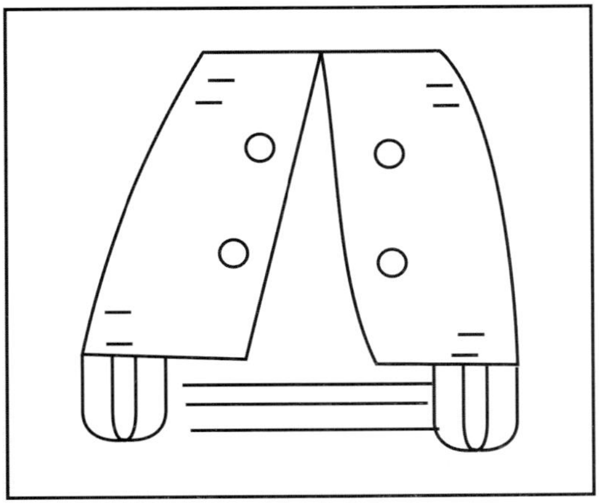

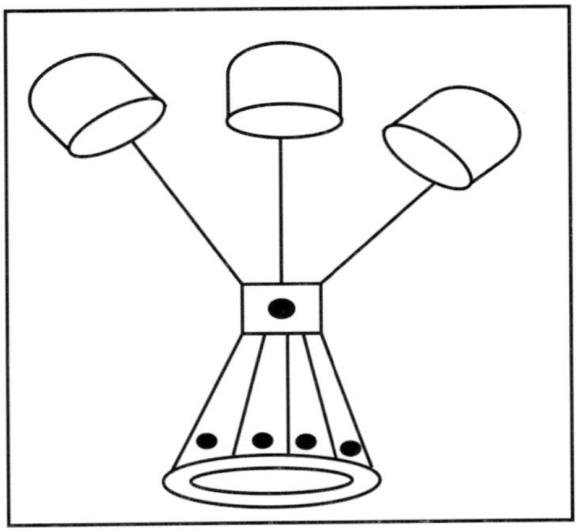

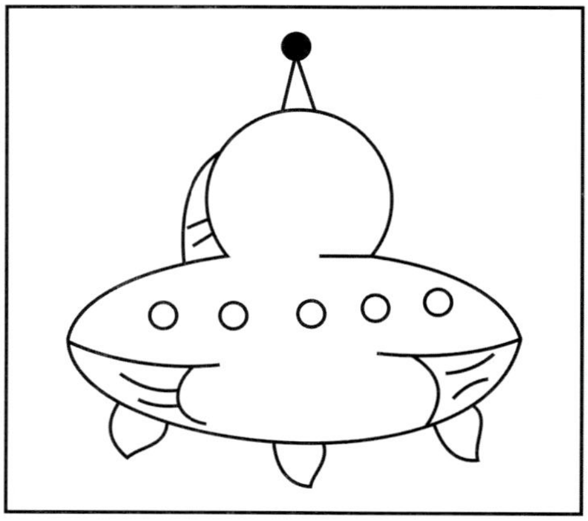

**चित्र 3.8: विभिन्न खोजी प्रोब के काल्पनिक प्रारूप ( रोवर, लैंडर, सेंपल रिटर्न आदि )**

यदि तुम इस सारणी को देखोगे तो तुम्हें 10 राष्ट्रों द्वारा किए जाने वाले पहले प्रक्षेपण के बारे में जानकारी मिलेगी।

**सारणी–3.2: 10 राष्ट्रों द्वारा किए जाने वाले पहले प्रक्षेपण**

| क्रम | देश | दिनांक | यान | उपग्रह |
|---|---|---|---|---|
| 1. | सोवियत संघ | 04.10.1957 | स्पूतनिक | स्पूतनिक - I |
| 2. | अमेरिका | 01.02.1958 | जूनो -1 | एक्सप्लोरर 1 |
| 3. | फ्रांस | 26.11.1965 | दियामन्त | अस्तेरिक्ष |
| 4. | जापान | 11.02.1970 | लम्ब्डा | ओसुमी |
| 5. | चीन | 24.04.1970 | लॉन्ग मार्च 1 | डोंग फंग हाँग 1 |
| 6. | यूके | 28.10.1971 | ब्लैक एरो | प्रोस्पेरो |
| 7. | भारत | 18.07.1980 | एस. एल. वी. | रोहिणी डी 1 |

| क्रम | देश | दिनांक | यान | उपग्रह |
|---|---|---|---|---|
| 8. | इजरायल | 19.09.1988 | शवित | ओफेग 1 |
| 9. | ईरान | 02.02.2009 | साफिर 1 | ओमिड |
| 10. | उत्तर कोरिया | 12.12.2012 | उन्हा 3 | के-3 यूनिट 2 |

बुध ग्रह की खोज के लिए मेसेंजर पहला अंतरिक्ष यान था जिसने बुध के चक्कर लगाए। इसके पहले मैरीनर 10 बुध और शुक्र के लिए फ्लाइबाई मिशन था। भविष्य में बेपीकोलंबो उपग्रह छोड़ा जाएगा जो बुध ग्रह को कई स्थानों से देख कर इसका अध्ययन करेगा। हमारे नजदीकी ग्रह शुक्र के बारे में बहुत ही कम जानकारी है। इसके बादलों के नीचे झांक पाना बहुत ही मुश्किल कार्य है। वर्तमान में जापानी अंतरिक्ष यान अकत्सुकी दिसंबर 2015 से इस ग्रह के कक्ष में पहुंचा है। यह दूसरे ग्रहों की जानकारी के लिए छोड़ी जाने वाली जापान की पहली सफल परियोजना है। कैसिनी वर्ष 2004 से शनि ग्रह की खोज कर रहा है। इसके द्वारा पहली बार किसी अन्य ग्रह के चंद्रमा पर कुछ भेजा गया। गैलीलियो, वीनस एक्सप्रेस, मागेलान, वेगा 1 और 2, वेनेरा आदि कुछ अंतरिक्ष यान हैं जो शुक्र ग्रह की खोज में लगे थे।

**बंटी:** बुआ मार्स मिशन के बारे में भी तो बतायें।

**नयना:** बंटी तुझे जरा भी धैर्य नहीं। बताती हूँ। यदि हम मंगल ग्रह की बात करें तो चंद्रमा के बाद सबसे अधिक प्रयास इस ग्रह को जानने के लिए हुए हैं जिसमें कई मिशन असफल रहे। परंतु उन असफल परियोजनाओं ने भी कई पाठ सिखाये जिससे आगे जाने का मार्ग प्रशस्त हुआ। पर निकट भूत में होने वाली कुछ असफलताओं से यह सिद्ध हो जाता है कि अंतरिक्ष की खोज बहुत सरल कार्य नहीं बल्कि जटिल है। 1996 के बाद से मंगल ग्रह पर उतरने वाले चार प्रोब और चार उपग्रहों ने वहाँ की कई नई-नई जानकारियां मानव समाज को दी हैं। वर्तमान में मंगल की जानकारी नासा के उपग्रह मावेन, भारत के उपग्रह मॉम, नासा के रोवर क्यूरियोसिटी और मार्स एक्सप्रेस से मिल रही है। भविष्य के मिशन में यूरोपियन अंतरिक्ष केंद्र का उपग्रह / लैंडर/ रोवर - एक्सो मार्स, नासा का लैंडर इन्साइट और रोवर मार्स 2020 है।

**सूरजः** गैसीय दानव ग्रहों के अन्वेषण के बारे में बतायें, बुआ जी।

**नयनाः** बुध, शनि, यूरेनस, नेपच्यून ये सभी ग्रह अपने अपने लघु सौर मण्डल के केंद्र में हैं। इनमें से प्रत्येक सुंदर और वैज्ञानिक रूप से आकर्षक है और इसीलिए उनके बारे में अधिक से अधिक जानकारी प्राप्त करने की सभी की इच्छा है। इन विशाल ग्रहों, उनके छल्लों और चंद्रमा के अध्ययन से हम हमारे सौर मण्डल के बारे में कई अन-सुलझी जानकारी प्राप्त कर सकते हैं। इन विशाल ग्रहों के विशाल चंद्रमा, ग्रहों को छोड़कर यदि सूरज का चक्कर लगाने लगें तो बृहस्पति ग्रह का चंद्रमा गेनीमेडे और शनि का चंद्रमा टाइटन बौने ग्रहों की श्रेणी में आ जाते। आकार में ये दोनों बुध ग्रह से भी बड़े हैं।

बाह्य ग्रहों का अध्ययन न केवल चुनौतीपूर्ण है बल्कि बहुत महंगा भी है। एक अंतरिक्षयान की परिकल्पना, उसका विकास, उड़ान और संचालन में बहुत अधिक समय और धन लगता है। जूनों नामक उपग्रह को वर्ष 2011 में प्रक्षेपित किया गया जो 5 जुलाई 2016 को बृहस्पति के कक्ष में पहुंचा। मूल परियोजना के अनुसार जूनो को 20 महीनों तक कार्य करना था, जिसमें वह 37 कक्षाएं पूरी करता। परंतु हीलियम वाल्व में आई समस्याओं के कारण जो मुख्य इंजन जलाने के लिए महत्वपूर्ण था, इस परियोजना में थोड़ा परिवर्तन कर, जूनो को अपनी 53 दिन के कक्ष में ही रहने दिया। 27 अगस्त 2016 को यान ने ग्रह के उत्तरी ध्रुव का पहला चित्र भेजा। जुलाई 2018 के बाद इसके कक्ष की ऊंचाई धीरे धीरे कम कर दी जाएगी और इसे ग्रह के कक्ष में डी ओर्बिट कर दिया जाएगा।

कैसिनी उपग्रह 15 सितंबर 2017 तक शनि का चक्कर लगाता रहा। इसका पूरा जीवन काल 19 वर्ष, 11 महीने, 0 दिन, 3 घंटे, 12 मिनट और 46 सेकंड का था। अभी ऐसा कोई मिशन सामने नहीं आया है जो भविष्य में इन ग्रहों के अध्ययन के लिए जाएगा। वॉयजर के बारे में तो तुम सब को बता ही चुके हैं।

**सूरजः** नयना बुआ, बाह्य ग्रहों के अध्ययन के लिए कौन कौनसे उपग्रह छोड़े गए?

**नयना:** मैं पुस्तकालय से यह जानकारी पहले ही लेकर आई थी। इस सारणी में तुम विवरण देख सकते हो।

### सारणी-3.3: बाह्य ग्रहों के अध्ययन के लिए छोड़े गए उपग्रह

| अंतरिक्ष यान | बृहस्पति | शनि | यूरेनस | नेप्चून | प्लूटो |
|---|---|---|---|---|---|
| पायोनियर 10 | 1973 फ्लाइ बाइ | | | | |
| पायोनियर 11 | 1974 फ्लाइ बाइ | 1979 फ्लाइ बाइ | | | |
| वोएजर 1 | 1979 फ्लाइ बाइ | 1980 फ्लाइ बाइ | | | |
| वोएजर 2 | 1979 फ्लाइ बाइ | 1981 फ्लाइ बाइ | 1986 फ्लाइ बाइ | 1989 फ्लाइ बाइ | |
| गैलीलियो | 1995–2003 ओर्बिटर 1995, 2003, वायुमंडलीय | | | | |
| उलिसेस | 1992, 2004 गुरुत्व सहायता | | | | |
| कैसिनी | 2000 गुरुत्व सहायता | 2004 – 2007 ओर्बिटर 2005 टाइटन लैंडर | | | |
| न्यू होराइजन | 2007 गुरुत्व सहायता | | | | 2015 फ्लाइ बाइ |
| जूनो | 2016 – ओर्बिटर | | | | |

**सूरजः** नयना बुआ, एक बात बताइये। क्या हम एक शक्तिशाली दूरबीन से इन ग्रहों को नहीं देख सकते?

**नयनाः** सही प्रश्न पूछा, तुमने सूरज। तुम्हें पता है न कि मानव सभ्यता के प्रारंभ से लेकर आज से 400 वर्ष पूर्व तक हमारे ब्रह्मांड के बारे में जानकारी प्राप्त करने का एकमेव साधन हमारी आंखें थीं। वर्ष 1610 में गैलीलियो ने पहली बार दूरबीन के उपयोग से खगोल पिंडों का अध्ययन किया। दूरबीन के प्रयोग से हमें पता चला कि शनि ग्रह के चारों ओर वलय हैं और बृहस्पति ग्रह के कई चंद्रमा हैं। दूधिया प्रकाश आकाशगंगा है जो केवल बादल नहीं वरन जिसमें कई तारे हैं। आने वाले वर्षों में दूरबीन का आकार बढ़ता गया, उसकी पेचीदगी बढ़ती गयी और साथ में उसकी देखने की क्षमता भी बढ़ती गयी। जहां तक संभव हो शहर से दूर और वातावरण की धुंध से ऊपर दूरबीन रख कर दूर अंतरिक्ष का अध्ययन होने लगा। एडविन हबल ने उस समय की सबसे बड़ी दूरबीन पसाडेना, कैलिफोर्निया में स्थापित कर हमारी गैलेक्सी के अलावा दूसरी गैलेक्सी देखी। वायुमंडल अंतरिक्ष के अध्ययन में बहुत बाधक है। कितनी ही उन्नत दूरबीन क्यों न हो, हमारे वायुमंडल में हवा का इधर से उधर स्थानांतरण, दूरबीन के दृश्य को विकृत कर देता है। इसी वायुमंडलीय विरूपण के कारण तारे टिमटिमाते हुए दिखते हैं। वायुमंडल कुछ तरंगदैर्ध्य जैसे परा बैंगनी, गामा, एक्स-किरण को या तो रोकता है या शोषित कर लेता है। इसलिए वैज्ञानिक तारों के अध्ययन के लिए विकिरण की सभी तरंगदैर्ध्य का अध्ययन करते हैं। वायुमंडल के कारण उत्पन्न होने वाली इन मुसीबतों से बचने के लिए दूरबीन को वायुमंडल के परे रखा जाने लगा। हबल वेधशाला ऐसी ही वेधशाला है जिसमें पहली दृश्य वर्णक्रम में दूरबीन अंतरिक्ष में स्थापित की गयी। वायुमंडल के विरूपण से दूर, वर्षा भरे बादलों और प्रकाश प्रदूषण से बहुत दूर, हबल दूरबीन ब्रह्मांड के अबाध्य दृश्य दिखाती है।

वैज्ञानिकों ने हबल द्वारा सौरमण्डल के दूर के सितारों और आकाश गंगा के साथ-साथ ग्रहों का अध्ययन भी किया है। यह वेधशाला 552 कि.मी. दूर से 8 कि.मी. प्रति घंटे के साथ घूमते हुए हर 97 मिनट में पृथ्वी का एक चक्कर लगाती है।

**नीताः** हबल का प्रक्षेपण कब हुआ था और इसका आकार कितना बड़ा है?

**नयनाः** अप्रैल, 1990 को हबल का प्रक्षेपण हुआ था तब यह खगोल विज्ञान के लिए गैलीलियो के दूरबीन के आविष्कार के बाद दूसरी बड़ी महत्वपूर्ण घटना थी।

चार बार इसको सुधारने के मिशन और 26 वर्षों के कार्यकाल के बाद आज भी यह ब्रह्मांड के नए-नए चित्र भेजती जा रही है। वैसे यह पहली दूरबीन नहीं परंतु बृहद और बहुपयोगी है। यह अनुसंधान उपकरण के साथ-साथ जनसम्पर्क के लिए वरदान है। इसका नाम खगोल शास्त्री एडविन हबल के नाम पर रखा है। अपने 2.4 मीटर दर्पण के साथ हबल के चार उपकरण अवरक्त, पराबैंगनी और दृश्य वर्ण पट में आंकड़े / चित्र एकत्रित करते हैं। वायुमंडल के विरूपण के बाहर होने के कारण ये उच्च विभेदन क्षमता के चित्र लेने में सक्षम हैं जिसमें पृष्ठभूमि प्रकाश कम होता है। हबल से प्राप्त विस्तृत चित्रों ने अंतरिक्ष के गहन रहस्यों को समझने में हमारी सहायता की है। ब्रह्मांड के विस्तार की गति के निर्धारण का मार्ग भी इस दूरबीन ने प्रशस्त किया है।

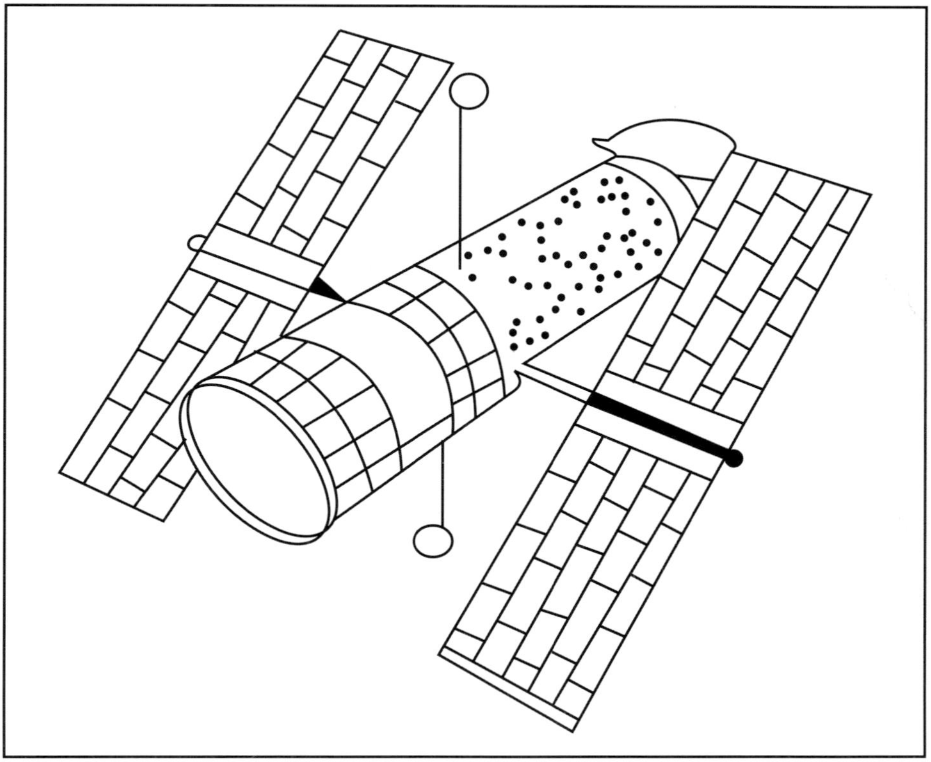

**चित्र-3.9: हबल वेधशाला**

**रिमझिम:** हबल के बारे में कुछ और रोचक जानकारी बताएं बुआ।

**नयना:** हबल ने आज तक 12 लाख से अधिक चित्र लिए हैं। इसके आंकड़ों के प्रयोग से आज तक लगभग 13000 वैज्ञानिक शोध पत्र लिखे जा चुके हैं, जिसके कारण यह सबसे अधिक उपयोगी वैज्ञानिक उपकरण है। यह पृथ्वी का चक्कर लगाते-लगाते अब तक 5 खरब कि.मी. चल चुका है। इसमें कोई प्रक्षेपक नहीं है इसलिए अपना कोण बदलने में यह न्यूटन के तीसरे नियम का प्रयोग करता है और घड़ी की सुई की गति से घूमता है। इसके द्वारा अध्ययन की हुई दूरी 13.4 अरब कि.मी. है। इसका वजन करीब 12000 कि.ग्रा. और लंबाई 13.3 मीटर है जो कि एक स्कूल बस की लंबाई के बराबर है।

**रमन:** नयना, खत्म हुई या नहीं अंतरिक्ष की खोज। बच्चों, अभी भी अंतरिक्ष के न सुलझे हुए कई रहस्य हैं। आने वाले वर्षों में मनुष्य और इतना विकास कर लेगा कि स्टार ट्रेक फिल्म में घटने वाले दृश्य फिल्म तक सीमित न रह कर वास्तविक जीवन का अंग बन जाएँगे। आदित्य, हम बाहर मेला देखने जा रहे हैं। तुमने मेला कभी नहीं देखा। चलो आज तुम सबको मेला दिखा लाते हैं। बहुत मजा आएगा। अब बुआ को थोड़ा आराम दो। बाकी बातें बाद में भी हो सकती हैं। तो बंटी, आज कोई कविता नहीं सुनाओगे क्या?

**बंटी:** क्यों नहीं रमन चाचा? लीजिए पेश है एक कविता सब के लिए।

सबसे पहले गयी, अंतरिक्ष में लाईका,

ढेरों जानकारी लाये, रूस और अमेरिका।

नील आर्मस्ट्रॉंग ने रखे कदम चंद्रमा पर,

पायोनियर जा रहा, एल्डेबरान की ओर

पहले पहले सफल रहे,

स्पूतनिक, मीर और गागरिन।

गहरे अंतरिक्ष के रहस्य खोजते,

हबल और अंतरराष्ट्रीय स्टेशन

❑❑❑

*अध्याय* **4**

# भारतीय अंतरिक्ष अनुसंधान संगठन ( इसरो )

त्रिवेन्द्रम के समुद्र तट पर आदित्य, बंटी और रिमझिम उछल कूद कर रहे थे। सारा परिवार घूमने के लिए त्रिवेन्द्रम आया था। सुबह की ठंडी हवा में दादा जी चहल कदमी कर रहे थे और बाकी लोग समुद्र का आनंद ले रहे थे। तभी दूर से रमन चाचा आते हुए दिखे। उनके साथ एक अन्य व्यक्ति भी था। पास आने पर रमन चाचा ने दादाजी से उनका परिचय करवाया।

**रमनः** पापा, ये गोपाल है, जो मेरे साथ पढ़ते थे। मैंने इन्हें कल बताया था कि हम सब यहाँ हैं तो ये आज मिलने चले आए। ये वैज्ञानिक हैं और विक्रम साराभाई अंतरिक्ष केंद्र में कार्य करते हैं।

**दादाः** नमस्ते गोपाल। ये तो बड़ी खुशी की बात है कि आप देश के इतने बड़े संस्थान में कार्य करते हैं जो अंतरिक्ष के क्षेत्र में बढ़ चढ़ कर कार्य कर रहा है। ये बच्चे अंतरिक्ष में बहुत दिलचस्पी रखते हैं। आज हम यहाँ का अंतरिक्ष संग्रहालय ही देखने जाने वाले हैं।

**गोपालः** चाचा जी। यह तो बड़ी खुशी की बात है। आज तो मैंने भी रमन के साथ रहने के लिए ऑफिस से छुट्टी ले कर रखी है। चलिये मैं ले चलता हूँ आपको संग्रहालय और साथ में बच्चों को अंतरिक्ष विभाग के गौरवशाली इतिहास के बारे में भी बताने का प्रयास करूंगा।

नाश्ते के बाद सभी लोग एक मिनी बस में बैठ कर संग्रहालय जाने के लिए निकले। गोपाल अंकल सबके लिए इसरो लिखी टोपियाँ ले कर आये थे। बच्चे खुशी से फूले नहीं समा रहे थे। बस चालू होते ही रिमझिम ने पूछ ही लिया।

**रिमझिम:** गोपाल अंकल, अंतरिक्ष विभाग के कितने केंद्र हैं।

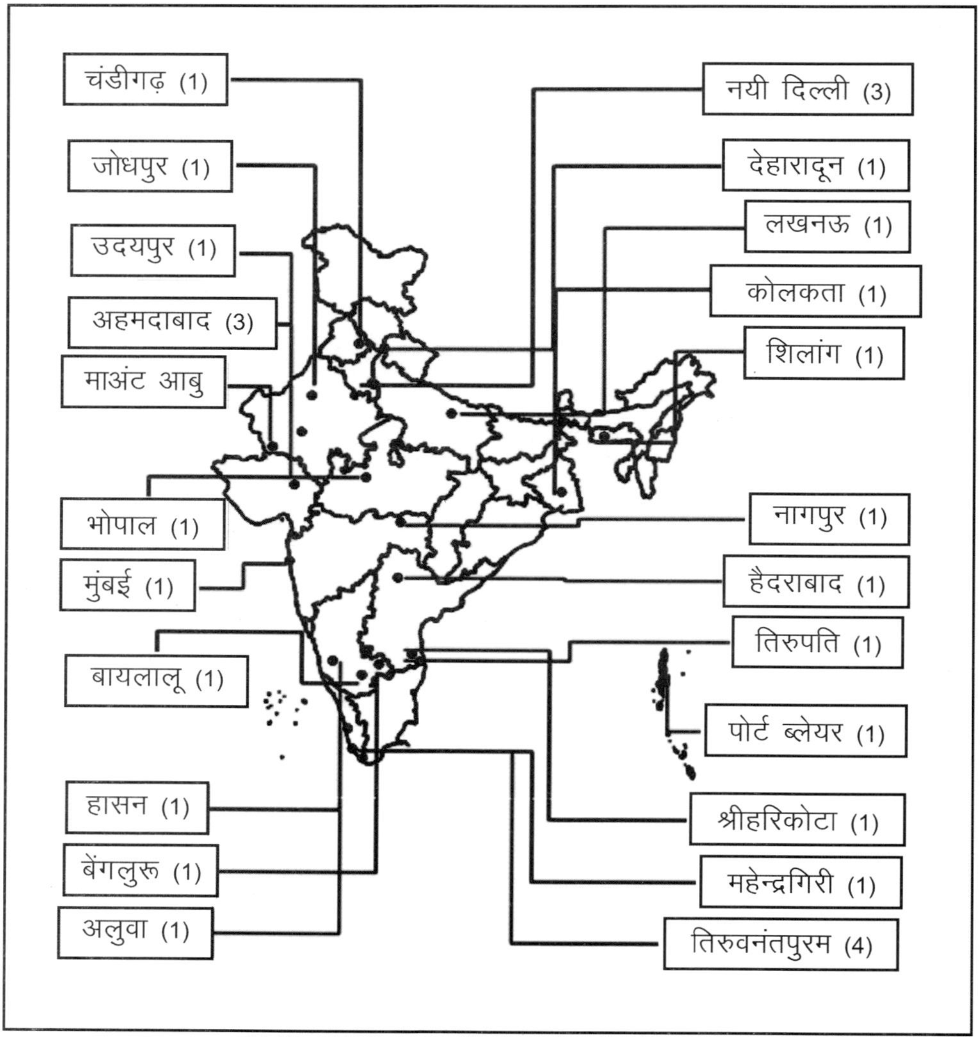


**चित्र-4.1: अंतरिक्ष विभाग के विभिन्न केंद्र**

**गोपालः** अंतरिक्ष विभाग के कुल 42 केंद्र या उप केंद्र हैं जो 23 विभिन्न स्थानों पर हैं। अहमदाबाद, दिल्ली, देहारादून और त्रिवेन्द्रम में एक से अधिक केंद्र हैं। सबसे अधिक केंद्र बेंगलुरु में हैं। यदि हम राज्यों की बात करें तो राजस्थान, गुजरात, महाराष्ट्र, कर्नाटक, केरल और आंध्र प्रदेश में एक से अधिक केंद्र हैं। इन केन्द्रों में अंतरिक्ष से संबंधित सभी घटकों पर कार्य होता है। देखो इस चित्र में इसरो के सभी केन्द्रों को दिखाया गया है।

**रिमझिमः** अंकल हमें विस्तार से इन केन्द्रों के बारे में बताएं।

**दादाः** गोपाल, अब तुम्हें ही संभालना है इन बच्चों को, ये बहुत प्रश्न पूछते हैं।

**चित्र-4.2: सौर वेधशाला, उदयपुर**

**गोपालः** कोई बात नहीं चाचा जी। मैं इनकी जिज्ञासा को पूर्ण करने का हर संभव प्रयास करूंगा। चलो हम उत्तर से प्रारम्भ करते हैं। चंडीगढ़ में सेमी कंडक्टर प्रयोगशाला है जिसका मुख्य उद्देश्य सूक्ष्म वैद्युतयांत्रिक प्रणाली (एम.ई.एम.एस.) के क्षेत्र में अनुसंधान एवं विकास करना है। इसके बाद है जोधपुर का प्रादेशिक सुदूर संवेदन केंद्र। ऐसे और भी प्रादेशिक केंद्र हैं जो कलकत्ता, नागपुर, दिल्ली और बेंगलुरु

में हैं। ये केंद्र उपयोगकर्ताओं को चित्र विश्लेषण की और भौगोलिक सूचना प्रणाली की सुविधा प्रदान करते हैं। इसके साथ–साथ प्राकृतिक संसाधन प्रबंधन के राष्ट्रीय मिशन में अपनी भागीदारी देते हैं। झीलों की नगरी उदयपुर में सौर वेधशाला है। यह वेधशाला फतेहसागर झील के मध्य एक टापू पर स्थित है जहां नाव से जाया जाता है।

**बंटी:** अंकल, झील में क्यों बनाई वेधशाला।

**गोपाल:** पानी के कारण सतही तापमान कम हो जाता है। इससे वायुमंडलीय विक्षोभ कम हो जाता है और प्राप्त चित्रों की गुणवत्ता बढ़ जाती है। माउंट आबू में 1.2 मीटर की अवरक्त दूरबीन है जो खगोलीय पिंडों का अवलोकन करने के लिए लगाई गयी है। यह समुद्र तल से 1680 मीटर की ऊंचाई पर गुरुशिखर नामक पहाड़ी पर स्थित है जो अरावली पर्वत श्रृंखला में आती है।

यह स्थान चुनने का कारण इसकी ऊंचाई, वातावरण में कम नमी की मात्रा और साल में 220 दिन साफ आसमान रहने की संभावना था। यहाँ पर एम 82 सुपर नोवा 2014 जे का भी अध्ययन हुआ।

**आदित्य:** सुपर नोवा! ये क्या है?

**रमन:** अरे, लगता है नयना तुमको बताना भूल गयी। वैसे भी अंतरिक्ष इतना विशाल है और इसमें इतनी घटनाएँ होती रहती हैं, कि सबके बारे में जानकारी प्राप्त करते करते बरसों बीत जाते हैं। सुपर नोवा तारे का विस्फोट है जो अंतरिक्ष में होने वाला सबसे बड़ा विस्फोट है। सुपर नोवा दो कारणों से होता है। एक ही बिन्दु की परिक्रमा करने वाले दो तारों में से एक तारा, साथी तारे से पदार्थ चुरा कर बड़ा हो जाता है और बहुत अधिक पदार्थ या मैटर उसमें विस्फोट का कारण बनता है जिसके परिणाम स्वरूप सुपर नोवा बनता है। दूसरा सुपर नोवा तारे के जीवन काल के अंत में बनता है। तारे में परमाणु ईंधन के खत्म होते ही कुछ पदार्थ या मैटर इसके केंद्र की ओर बहते हैं। इसके कारण तारे का केंद्र बहुत भारी हो जाता है और अपने

गुरुत्व बल पर इतने भार को नहीं टिका सकता। तारे का केंद्र ढह जाता है जिसके कारण सुपर नोवा बनता है।

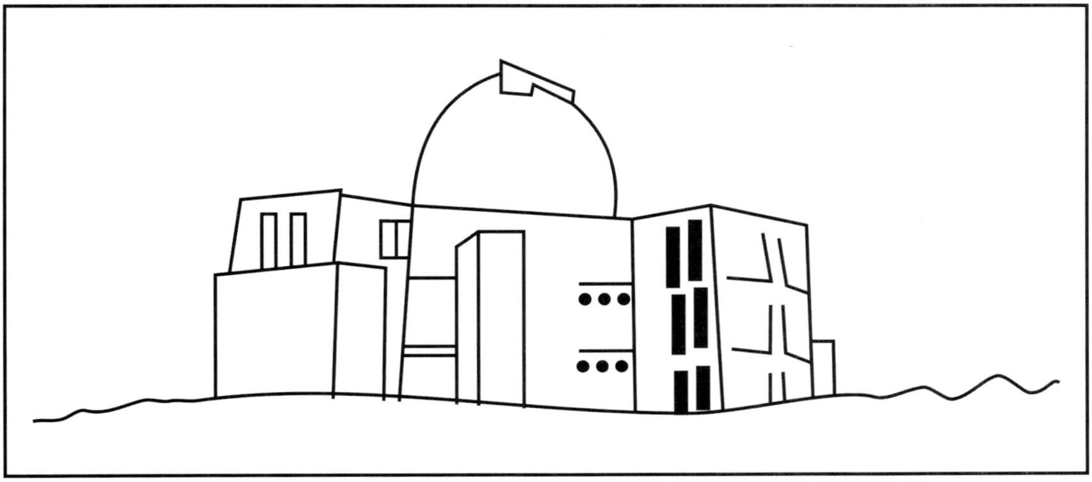

**चित्र-4.3: अवरक्त दूरबीन, माउंट आबू**

**गोपालः** बराबर रमन। हाँ तो अब चलते हैं गुजरात में जहां तीनों केंद्र अहमदाबाद में स्थित हैं। ये केंद्र हैं - अंतरिक्ष उपयोग केंद्र, भौतिक अनुसंधान प्रयोगशाला तथा विकास और शैक्षिक संचार यूनिट (डेकू)। अंतरिक्ष उपयोग केंद्र (S.A.C.) इसरो के प्रमुख केन्द्रों में से एक है। यहाँ पर विविध विषयों पर कार्य होता है जिसमें नीतभार (पेलोड) का अनुसंधान और उनका विकास प्रमुख है। अंतरिक्ष में जाने वाले कई नीतभार यहीं पर या तो विकसित हुए हैं या उनका प्रारूप बना है। यह केंद्र प्रौद्योगिकी, विज्ञान और अनुप्रयोगों के मध्य तालमेल बिठाता है।

सैक की एक वेबसाइट (मोसडेक) है जो मौसम और समुद्र विज्ञान से संबंधित उपग्रह आँकड़ों का अभिलेखीय केंद्र है। इसके द्वारा मौसम, समुद्र की स्थिति, तेज वर्षा और अधिक गर्मी/ठंडी की भविष्यवाणी की जाती है।

अहमदाबाद का दूसरा केंद्र भौतिक अनुसंधान प्रयोगशाला है जहां पर भौतिकी (सैद्धांतिक और प्रायोगिक), खगोल शास्त्र, खगोल भौतिकी, पृथ्वी, ग्रह और वायुमंडलीय विज्ञान में बुनियादी अनुसंधान होते हैं। इसे वर्ष 1947 में डॉ विक्रम साराभाई ने स्थापित किया था।

**चित्र-4.4: अंतरिक्ष उपयोग केंद्र (सैक) और पीआरएल के लोगो**

विकास, शिक्षा और प्रशिक्षण के क्षेत्र में उपग्रह आधारित संचार प्रणाली को बढ़ावा देना यह डेकू के मुख्य कार्य में से एक है। डेकू दूर शिक्षा, दूर चिकित्सा, ग्रामसैट कार्यक्रम और सैटकॉम उपयोग में सहयोग प्रदान करता है।

**रिमझिमः** गोपाल अंकल, तालाबों के शहर भोपाल में इसरो का कौन-सा केंद्र है?

**गोपालः** भोपाल और हासन(कर्नाटक) में मुख्य नियंत्रण सुविधा (एम.सी.एफ.) स्थित है। इन केन्द्रों से अंतरिक्ष विभाग के सभी भू-स्थिरीय उपग्रहों का निरीक्षण और नियंत्रण होता है। एम.सी.एफ. के कार्यों में उपग्रह की कक्षा की ऊंचाई बढ़ाना, कक्ष में नीतभार का परीक्षण करना और उपग्रह के पूरे जीवन काल में कक्ष संचालन करना शामिल है। ये उपग्रह का 24 घंटे निरीक्षण करने के साथ, आदेश देने का कार्य भी करते हैं। आकस्मिक स्थिति में उपग्रह को पुनः प्राप्त करने की जवाबदारी भी इसी केंद्र की होती है। वर्तमान में जो उपग्रह एम.सी.एफ. द्वारा नियंत्रित किए जा

रहे हैं वे इन्सैट 3सी, 3ए, 4ए, 4बी, 4सीआर, 3डी, कल्पना-1, जीसैट-7, जीसैट-8, जीसैट-10, जीसैट-12, जीसैट-14, जीसैट-16 और आई.आर.एन.एस.एस. के सभी उपग्रह हैं।

**आदित्य:** अंकल, बंगलुरु में कौन से केंद्र हैं?

**गोपाल:** यहाँ पर अंतरिक्ष विभाग के 11 केंद्र हैं जिसमें से प्रमुख इसरो उपग्रह केंद्र; इसरो दूरमिति, अनुवर्तन और आदेश नेटवर्क (इस्ट्रैक); द्रव नोदन प्रणाली केंद्र; अंतरिक्ष विभाग; इसरो का मुख्यालय और एंट्रिक्स कॉर्पोरेशन हैं।

इसरो उपग्रह केंद्र (आईसैक) का मुख्य उद्देश्य उपग्रह प्रौद्योगिकी विकसित करना और वैज्ञानिक, प्रौद्योगिकी और अनुप्रयोग मिशन में उनका कार्यान्वयन करना है। यहाँ पर उपग्रह का ढांचा, यांत्रिक तथा तापीय प्रणाली, जांच प्रणाली, पावर प्रणाली पर कार्य होता है। यहाँ पर अभी तक वैज्ञानिक, संचार और सुदूर संवेदन जैसे 50 से अधिक उपग्रहों की अभिकल्पना और विकास हुआ है। आईसैक का आदर्श वाक्य है 'राष्ट्र निर्माण के लिए उपग्रह निर्माण'। इसका नया नाम यू आर राव सैटेलाइट सेंटर (यू.आर.एस.सी.) है, जो इसरो के पूर्व अध्यक्ष डॉ यू आर राव के नाम पर रखा गया है।

एक अन्य महत्वपूर्ण केंद्र इस्ट्रैक है जो प्रक्षेपण यान, निचली कक्ष में घूमने वाले उपग्रह, गहन अंतरिक्ष अभियान और विश्व के कई अंतरिक्ष संगठनों को अंतरिक्ष प्रचालन सेवाएँ प्रदान करता है। इसके भू-स्टेशन बेंगलुरु, लखनऊ, श्रीहरिकोटा, तिरुवनंतपुरम, पोर्ट ब्लेयर, ब्रुनेई (एशिया), बियाक (इंडोनेशिया) और मॉरिशस में हैं, जिनके द्वारा यह अंतरराष्ट्रीय मानकों पर खरा उतरता है। बैलालू, कर्नाटक में भारतीय गहन अंतरिक्ष जाल (नेटवर्क) है, जिसकी स्थापना वर्ष 2008 में हुई थी। इसने भारत के प्रथम और प्रतिष्ठित मिशन चंद्रयान-1 के लिए सहायता प्रदान की। इस जाल में 18 मीटर और 32 मीटर व्यास के दो ऐंटेना हैं। उपग्रह प्रक्षेपण के समय इन ऐंटेना को अन्य देशों के ऐंटेना से सहायता मिलती है जिसमें से एक प्रमुख रूस का 64 मीटर ऐंटेना है जो बेयर्सलेक में स्थित है।

**चित्र-4.5: बैलालू, कर्नाटक में गहन अंतरिक्ष जाल के ऐंटेना**

इसरो के प्रमोचन यान और अंतरिक्ष यान कार्यक्रमों के लिए द्रव नोदन पर अध्ययन और अनुसंधान करने के लिए द्रव नोदन प्रणाली केंद्र है, जो बेंगलुरु के अलावा तिरुवनंतपुरम में भी है।

अंतरिक्ष विभाग के मुख्यालय का उद्देश्य राष्ट्र के चहुंमुखी विकास में सहायता करने हेतु अंतरिक्ष कार्यक्रम को बढ़ावा देना है।

बेंगलुरू में भारतीय अंतरिक्ष अनुसंधान संगठन की वाणिज्यिक शाखा एंट्रिक्स है। भारतीय अंतरिक्ष कार्यक्रम से विकसित हुए उत्पादों और सेवाओं को एंट्रिक्स बढ़ावा देता है और उनका व्यावसायिक रूप से विपणन करता है। एंट्रिक्स के उद्देश्यों में प्रयोक्ताओं को संचार उपग्रह के ट्रांसपोंडर प्रदान करना, ग्राहकों को उपग्रह प्रक्षेपण की सुविधाएं देना, भारतीय और विदेशी उपग्रहों के चित्रों का विपणन करना, उपग्रह और उसकी उप-प्रणालियों का विपणन करना और अंतरिक्ष अनुप्रयोगों के लिए बुनियादी ढांचा स्थापित करना शामिल है। इसकी स्थापना 28 सितंबर, 1992 को हुई थी।

**चित्र-4.6: एंट्रिक्स का प्रतीक चिह्न**

एंट्रिक्स की वर्तमान व्यावसायिक गतिविधियों में शामिल मुख्य बातें इस प्रकार हैं:

- विभिन्न प्रयोक्ताओं को संचार उपग्रह ट्रांसपोंडर का प्रावधान करना,
- ग्राहक उपग्रहों के लिए लॉन्च सेवाएं प्रदान करना,
- भारतीय और विदेशी सुदूर संवेदन उपग्रहों से डेटा का विपणन,
- उपग्रहों के साथ-साथ सैटेलाइट उप-प्रणालियों का निर्माण और विपणन,
- अंतरिक्ष अनुप्रयोगों के लिए आधारभूत संरचना की स्थापना और
- उपग्रहों के लिए मिशन समर्थन सेवाएं।

**आदित्य:** अंकल, अंतरिक्ष विभाग की स्थापना कब हुई थी?

**गोपाल:** वर्ष 1972 में अंतरिक्ष आयोग का गठन और अंतरिक्ष विभाग की स्थापना हुई थी। यह विभाग सीधे माननीय प्रधानमंत्री के अंतर्गत आता है। तिरूवनन्तपुरम में

चार केंद्र हैं, जिसमें विक्रम साराभाई अंतरिक्ष केंद्र प्रमुख है। तुम सब जानते हो न विक्रम साराभाई के बारे में।

**रिमझिमः** हाँ अंकल, वे भारतीय अंतरिक्ष कार्यक्रम के जनक थे।

**चित्र-4.7: भारतीय अंतरिक्ष कार्यक्रम के जनक डॉ विक्रम साराभाई**

**गोपालः** बिल्कुल ठीक। स्वप्नदर्शी डॉ विक्रम साराभाई जी ने 60 के दशक में थुंबा से अंतरिक्ष गतिविधियों का प्रारम्भ किया था। सेंट मेरी मैग्डलीन चर्च से अंतरिक्ष कार्यक्रम का प्रारम्भ हुआ जहां हम संग्रहालय देखने जा रहे हैं। अहमदाबाद स्थित भौतिक अनुसंधान प्रयोगशाला की स्थापना में भी उनका हाथ था। उन्होने बड़ी संख्या में विविध क्षेत्रों में संस्थान स्थापित किए।

साराभाई जी का कहना था कि ऐसे भी कुछ लोग मौजूद हैं जो विकासशील देश में अंतरिक्ष गतिविधियों की प्रासंगिकता पर सवाल उठाते हैं। हमारे लिए उद्देश्य में कोई अस्पष्टता नहीं है। हम आर्थिक रूप से उन्नत देशों के साथ चंद्रमा या अन्य ग्रहों या मानव सहित अंतरिक्ष उड़ानों की खोजयात्रा के साथ प्रतियोगिता की कल्पना नहीं कर रहे हैं। लेकिन हमें पूरा विश्वास है कि यदि हमें राष्ट्रीय तौर पर और राष्ट्रों के समुदाय के बीच सार्थक भूमिका निभानी है, तो हमें मनुष्य और समाज की वास्तविक समस्याओं के लिए उन्नत प्रौद्योगिकी लागू करने में किसी से पीछे नहीं रहना चाहिए।

वी.एस.एस.सी. में प्रमोचन यान पर अनुसंधान होता है और यान बनाए जाते हैं, जिनके प्रक्षेपण से उपग्रह को अंतरिक्ष में भेजा जाता है। यह यान से संबंधित अन्य प्रौद्योगिकियों जैसे ठोस प्रणोदन प्रौद्योगिकी, वैमानिकी, वायुगतिकी आदि पर भी अनुसंधान करता है। इसके मुख्य कार्यक्रमों में ध्रुवीय उपग्रह प्रमोचन यान (पी.एस. एल.वी.), भूतुल्यकाली उपग्रह प्रमोचन (जी.एस.एल.वी., मार्क II व III), अंतरिक्ष कैप्सूल पुनर्प्राप्ति परीक्षण एवं पुनरुपयोगी प्रमोचन यान सम्मिलित हैं। प्रक्षेपण यान प्रौद्योगिकी में उत्कृष्टता हासिल कर विश्वसनीय और कुशल अंतरिक्ष परिवहन प्रणाली प्रदान करना ही वीएसएससी की गुणवत्ता नीति है।

**आदित्यः** अंकल, उपग्रह में जो कैमरे लगे होते हैं, उनसे मिली जानकारी का उपयोग कौन करता है?

**गोपालः** उपग्रह से प्राप्त सुदूर संवेदन के आंकड़ों के अभिग्रहण, आंकड़ों का प्रसार, हवाई सुदूर संवेदन और आपदा प्रबंधन के लिए ही राष्ट्रीय सुदूर संवेदन केंद्र (एन.आर.एस.सी.) की स्थापना हैदराबाद में हुई। इसके मुख्य उद्देश्यों में अंतरिक्ष और हवाई प्लेटफार्म से प्राप्त पृथ्वी के अवलोकन के चित्र/आंकड़े उपलब्ध कराना, प्राकृतिक संसाधन प्रबंधन के लिए प्रौद्योगिकियों और अनुप्रयोगों का विकास करना, निगरानी और आपदा प्रबंधन के लिए सहायता प्रदान करना और पृथ्वी के अवलोकन के लिए चित्रों के उपयोग में सहायता प्रदान करना है।

**चित्र–4.8: एन.आर.एस.सी. द्वारा वितरित उपग्रह चित्रों का विवरण**

आई.आर.एस.–1, से लेकर सरल आल्टिका तक 18 उपग्रहों के आंकड़े एन.आर.एस. सी. का आंकड़ा केंद्र उपयोगकर्ता को देते हैं। इन उपग्रहों से प्राप्त चित्रों को विभिन्न अनुप्रयोगों जैसे कृषि, जल संसाधन, मृदा, शहरी विकास, पर्यावरण, वानिकी, सागर संसाधन और आपदा प्रबंधन में उपयोग में लाते हैं। हैदराबाद के पास शादनगर में आंकड़ा अभिग्रहण केंद्र की स्थापना हुई है। एन.आर.एस.सी. प्रौद्योगिकी एवं उनके लाभ के प्रचार प्रसार के लिए उत्तरदायी है। सभी हितधारकों एवं प्रयोक्ताओं की बढ़ती आवश्यकताओं व मांग को ध्यान में रखते हुए, एन.आर.एस.सी. की एक केंद्रीकृत

सुविधा का जीडिमेट्ला परिसर में विकास किया गया है। इस सुविधा में जनसम्पर्क प्रशिक्षण, बाहरी स्त्रोत से सेवाएँ लेने की सुविधा, प्रदर्शनी आदि का प्रावधान है। जन संपर्क गतिविधि के अंतर्गत आने वाले मुख्य कार्यक्रम इस प्रकार हैं:

**सारणी-4.1: जीडिमेट्ला जन संपर्क सुविधा में जन संपर्क के कार्यक्रम**

| | | |
|---|---|---|
| 1. | ज्ञान का आदान प्रदान | a. सूचना / आंकड़ों का बूथ<br>b. पूछताछ / परामर्श प्रकोष्ठ<br>c. संपर्क बैठकें<br>d. प्रदर्शिनी सुविधा<br>e. वेब सेवाएं |
| 2. | प्रशिक्षण | a. स्कूल/कॉलेज प्रशिक्षण<br>b. कैलेंडर आधाररत पाठ्यक्रम<br>c. परियोजना विशेष कार्य गोष्ठियाँ |
| 3. | शैक्षणिक भागीदारी | a. परियोजना का निष्पादन<br>b. संयुक्त प्रयोगात्मक अध्ययन<br>c. आंकड़े एकत्र/विश्लेषण करना |
| 4 | औद्योगिक सहयोग | a. मूलभूत संरचनाओं का विकास<br>b. बाहरी स्त्रोत से सेवाएँ प्राप्त करना<br>c. संयुक्त विकासात्मक कार्यक्रम |

तुम्हें जानकार प्रसन्नता होगी कि, स्कूल / कॉलेज के विद्यार्थी वहाँ पर जाकर इसरो के बारे में जानकारी प्राप्त करते हैं। प्रोजेक्ट करने के लिए भी विद्यार्थी जनसम्पर्क सुविधा में जाते हैं।

**रिमझिमः** अरे वाह! तो मैं भी बड़ी होकर वहाँ ट्रेनिंग के लिए जाऊँगी। अंकल, सैक जैसी वेब साइट एन.आर.एस.सी. की भी है क्या?

**गोपालः** हाँ है। एन.आर.एस.सी. ने अंतरिक्ष आधारित उत्पादों और सेवाओं को देखने और विश्लेषण करने के लिए, जियो पोर्टल का प्रारूप और विकास किया है। इनमें से प्रमुख भुवन और इंडिया वारिस हैं।

भुवन इसरो का जियो पोर्टल है, जो विभिन्न भाषाओं में वर्ष 2009 से चित्रों को देखने, आंकड़ों को मुफ्त डाउन लोड करने, विषय गत नक्शों के प्रदर्शन और विश्लेषण करने, आपदा पर समयगत सूचना प्रदान करने की सुविधा प्रदान करता है। वर्तमान में 1 लाख से अधिक प्रयोक्त भुवन वेब साइट का उपयोग करते हैं। भुवन पर करीब 40 टीबी से अधिक बहु कालिक, बहु विभेदन के उपग्रह चित्र तथा 12 से अधिक विषयगत नक्शे उपलब्ध हैं। इसके अंतर्गत विभिन्न राज्यों (29), केंद्रीय मंत्रालयों (43) और अनुप्रयोगों (135) के पोर्टल आते हैं। भुवन वेब साइट पर आई. आर.एस. उपग्रह के अविफ्स और एलआईएसएस III के चित्र उपलब्ध हैं, जिनका कोई भी उपयोग कर सकता है। यदि तुम भुवन पोर्टल पर जाओगे तो तुम्हें 1 मीटर के चित्र दिखेंगे। तुम पूरे भारत के चित्र इस पर देख सकते हो।

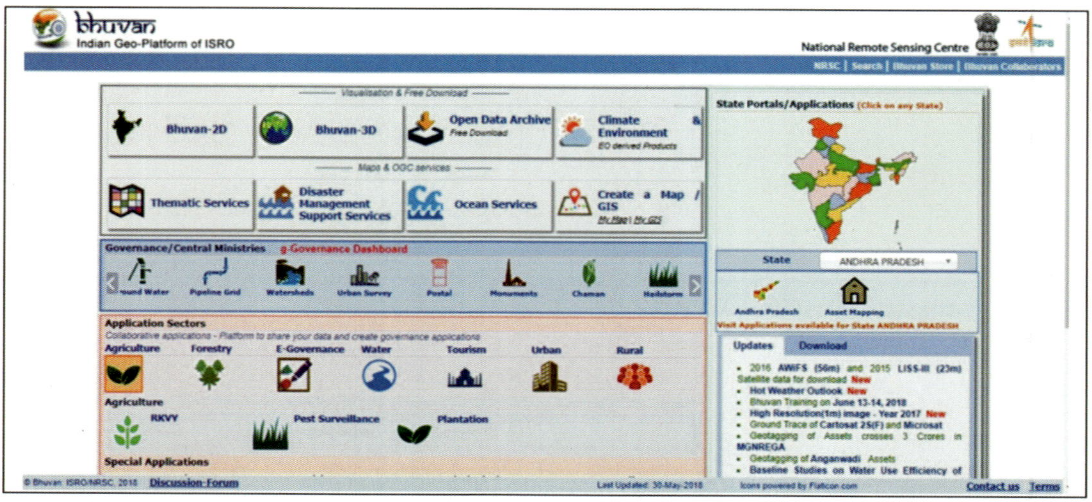


**चित्र-4.9: भुवन वेब साइट**

इंडिया वारिस वेब जीआईएस देश में जल संसाधन के आंकड़ों के जनन और वेब सामर्थ्य सूचना प्रणाली के क्रियान्वयन का पोर्टल है जो जल संसाधन से संबंधित आंकड़ों को राष्ट्रीय मानकीकृत ढांचे में प्रदान करने के लिए एकल खिड़की समाधान प्रदान करता है। ये देखो इस चित्र में दोनों वेब साइट के लोगो दिख रहे हैं।

**चित्र-4.10: भुवन और इंडिया वारिस के प्रतीक चिह्न**

**आदित्यः** क्या इसरो में प्रशिक्षण देने के लिए भी केंद्र हैं?

**गोपालः** उन्हीं के बारे में ही बता रहा हूँ। शिक्षा, प्रशिक्षण और अनुसंधान के तीन केंद्र हैं जिसमें से दो देहारादून और एक तिरुवनंतपुरम में है।

देहारादून स्थित भारतीय सुदूर संवेदन संस्थान (आई.आई.आर.एस.), सुदूर संवेदन, भू-सूचना, नौवहन प्रौद्योगिकी और उनके उपयोग में क्षमता निर्माण के लिए प्रमुख शिक्षा, प्रशिक्षण और अनुसंधान संस्थान है।

इसकी स्थापना वर्ष 1966 में हुई थी तब इसे फोटो निर्वाचन संस्थान (आईपीआई) के नाम से जाना जाता था। अलग अलग लोगों की सुविधा के अनुसार संस्थान में प्रशिक्षण के कार्यक्रम चलाये जाते हैं जिसमें एम टेक, एमएससी, स्नातकोत्तर डिप्लोमा पाठ्यक्रम के साथ–साथ विश्वविद्यालय के संकाय के लिए 2 महीने का पाठ्यक्रम, 2 सप्ताह का माँग विशिष्ट पाठ्यक्रम और 1 सप्ताह का निर्णय लेनेवालों के लिए समग्र पाठ्यक्रम प्रमुख हैं। तुम्हें जान कर खुशी होगी कि यहाँ से दूरस्थ शिक्षा कार्यक्रम चलाया जाता है जिसमें सुदूर संवेदन, भौगोलिक सूचना प्रणाली (जीआईएस) और वैश्विक स्थिति प्रणाली (जीपीएस) पर बुनियादी शिक्षा दी जाती है। इसमें स्कूल, कॉलेज या कहीं भी बैठ कर ज्ञान अर्जित किया जा सकता है। आई.आई.आर.एस. संयुक्त राष्ट्र के तहत एशिया और प्रशांत महासागर क्षेत्र में अंतरिक्ष विज्ञान और प्रौद्योगिकी की शिक्षा देने वाले केंद्र का मुख्यालय है। यह अपनी तरह का पहला केंद्र है जहां 1996 के बाद से नियमित रूप से सुदूर संवेदन और भौगोलिक सूचना प्रणाली पर स्नातकोत्तर और लघु पाठ्यक्रम हर वर्ष आयोजित किए जाते हैं। वर्तमान में 15 देशों ने इस केंद्र के साथ अनुबंध किया है।

मानव अंतरिक्ष प्रौद्योगिकी और विज्ञान में उच्च गुणवत्ता शिक्षा देने के उद्देश्य से भारतीय अंतरिक्ष विज्ञान और प्रौद्योगिकी संस्थान (आई.आई.एस.टी.) की स्थापना वर्ष 2007 में हुई । यह स्नातक (वैमानिकी,अंतरिक्ष इंजीनियरिंग, फिजिकल विज्ञान आदि) और कई विषयों में स्नातकोत्तर डिग्री के साथ पीएचडी डिग्री भी प्रदान करता है। तिरुवनन्तपुरम से 20 कि.मी. दूर वलियामाला नामक स्थान पर यह स्थित है। प्रक्षेपण यान से उपग्रह तक और उनसे संबंधित सभी भौतिकीय ज्ञान की शिक्षा यहाँ दी जाती है और संस्थान का प्रतीक चिह्न भी इसे दर्शाता है।

**चित्र-4.11: आई.आई.एस.टी. का प्रतीक चिह्न**

इसके अलावा इसरो के हर केंद्र में प्रशिक्षण दिये जाते हैं जो 3 दिन से लेकर 3 महीने तक के हो सकते हैं। इन सब का विषय अलग अलग होता है और विद्यार्थियों से लेकर कर्मचारियों और बड़े अधिकारियों के लिए यह प्रशिक्षण आयोजित किया जाता है।

अब हम पहुँचने ही वाले हैं। जल्दी से मैं तुम्हें बाकी केन्द्रों के बारे में बता देता हूँ। वायुमंडलीय विज्ञान में शोध करने के लिए तिरुपति के पास गादंकी में राष्ट्रीय वायुमंडलीय अनुसंधान प्रयोगशाला की स्थापना हुई है। श्रीहरिकोटा का नाम किसने सुना है?

**रिमझिमः** अंकल मैंने। वहाँ से रॉकेट छोड़े जाते हैं।

**गोपालः** सही कहा रिमझिम। सतीश धवन अंतरिक्ष केंद्र इसरो का प्रमोचन केंद्र है, जहां से उपग्रह को निम्न भू कक्ष, ध्रुवीय कक्ष और भू स्थिर कक्ष में छोड़ने की सुविधा उपलब्ध है। टीवी पर तुमने उपग्रह का प्रक्षेपण देखा होगा। वह यहीं से किया जाता है। तुम यदि इसके मुख्य नियंत्रण बिल्डिंग का चित्र देखोगे तो ऐसा लगेगा मानो कोई अंतरिक्ष यान धरती पर उतर आया हो।

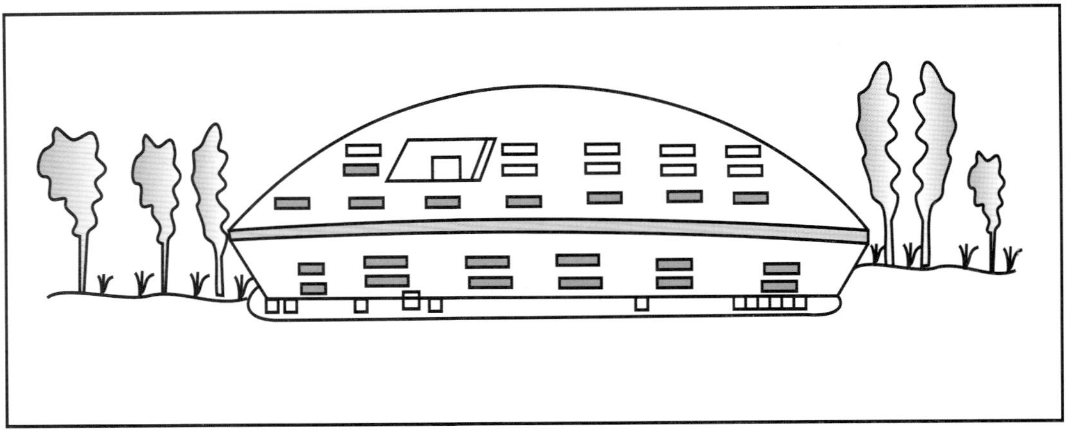

**चित्र-4.12: सतीश धवन अंतरिक्ष केंद्र - मुख्य नियंत्रण बिल्डिंग**

शिलॉग में उत्तर-पूर्वी अंतरिक्ष उपयोग केंद्र है जो उत्तर-पूर्वी राज्यों के विकास के लिए अंतरिक्ष प्रौद्योगिकियों की सहायता प्रदान करता है। देश की राजधानी दिल्ली और मुंबई में इसरो के शाखा कार्यालय हैं।

**आदित्यः** अंकल, एक आखिरी प्रश्न और? ये जो टोपियों पर इसरो का प्रतीक चिह्न या लोगो लगा है, उसका कुछ अर्थ है?

**गोपालः** बिलकुल अर्थ है। हर प्रतीक चिह्न कुछ बातें इंगित करता है। अब इसरो का ही प्रतीक चिह्न देख लो।

**चित्र-4.13: इसरो का प्रतीक चिह्न**

इसमें प्रक्षेपण यान और उपग्रह दोनों को दिखाया गया है। नारंगी रंग में यान है जो ऊपर की ओर इशारा कर रहा है। यह इसरो की सभी बाधाओं को चाहे वह गुरुत्वाकर्षण हो या लोगों का पूर्वाग्रह, पार कर ऊपर या आगे जाने की इच्छा शक्ति को दर्शाता है। नीले रंग में सोलर पट्टिकाएं असीम ऊर्जा का प्रतीक हैं। इसरो का नाम आंग्ल भाषा और देवनागरी में लिखा है। दोनों भाषा में लिखे शब्दों में समानता लाने के लिए आंग्ल भाषा में लिखने के लिए प्रकर्त लिपि का उपयोग किया गया है। इसे वर्ष 2002 से प्रयोग में लाया जा रहा है।

चलो, अब हमारा गंतव्य स्थान आ गया। अब हम उतरकर दूसरी बस पकड़ कर संग्रहालय जाएँगे।

इसरो के केंद्र हैं, भारत में हर जगह

तिरुवनन्तपुरम में रॉकेट बनते, बेंगलुरु में उपग्रह

अनुप्रयोगों के लिए हैं, अहमदाबाद और हैदराबाद

श्रीहरिकोटा प्रसिद्ध हुआ, रॉकेट प्रक्षेपण के बाद

❑❑❑

*अध्याय* **5**

# भारतीय प्रक्षेपण यान

सभी लोगों से भरी मिनी बस विक्रम साराभाई अंतरिक्ष केंद्र में आकर रुक गयी। यहाँ से संग्रहालय तक सबको इसरो की बस में जाना था। बस ने सबको संग्रहालय के बाहर छोड़ा। संग्रहालय का प्रांगण देख कर सभी बच्चे आश्चर्य चकित रह गए।

**गोपालः** देखा बच्चों। हम खड़े हैं उस स्थान पर जहां पर अंतरिक्ष कार्यक्रम का प्रारम्भ हुआ। यह थुंबा भूमध्यरेखीय रॉकेट प्रमोचन केंद्र की उत्तरी सीमा पर समुद्र तट से कुछ ही मीटर दूर है। सेंट मेरी मैग्डलीन चर्च ही वह स्थान है जो भारतीय अंतरिक्ष कार्यक्रम के जन्म की कहानी बयां करता है।

इसी चर्च में वर्ष 1962 में पहले रॉकेट की प्रणालियों को संकलित कर एकीकृत किया गया था। तुम जो वो घर देख रहे हो वह बिशप का घर है जो नए स्थापित हुए रॉकेट प्रमोचन केंद्र का कार्यालय बना। वर्ष 1985 में इस चर्च को संग्रहालय का रूप दे दिया गया।

**चित्र–5.1: सेंट मेरी मैग्डलीन चर्च**

**बंटी:** दादा जी, दादा जी देखिये तो ये क्या है?

बंटी के जोर से चिल्लाने पर दादा जी ने मुड़ कर देखा तो पाया कि बंटी ध्रुवीय उपग्रह प्रक्षेपण यान (पी.एस.एल.वी.) के पूरे पैमाने के प्रारूप को देख कर आश्चर्य से चीख पड़ा था। संग्रहालय के बाहर हरी-हरी घास के बीच विशालतम पी.एस.एल.वी. का प्रारूप देखते ही बनता है।

**दादा:** बंटी, यह पी.एस.एल.वी. यानि ध्रुवीय उपग्रह प्रक्षेपण यान है। गोपाल तुम इसे प्रक्षेपण यानों के बारे में बताओ।

सब हरी घास पर बैठ गए और गोपाल ने बताना प्रारम्भ किया।

**गोपालः** बंटी, प्रक्षेपण यान उपग्रह को अंतरिक्ष में ले जाते हैं। प्रक्षेपण यान की सुविधा में प्रक्षेपण यान, प्रक्षेपण पैड और अन्य बुनियादी सुविधाएं होती हैं। उपग्रह प्रक्षेपण यान (एस.एल.वी.) परियोजना का प्रारम्भ वर्ष 1970 में डॉ ए पी जे अब्दुल कलाम की अध्यक्षता में हुआ था। इस प्रक्षेपण यान का उद्देश्य 40 कि.ग्रा. के रॉकेट को 400 कि.मी. की ऊंचाई पर ले जाना था। यह चार चरणों वाला रॉकेट था जिसके सभी चरणों में ठोस प्रणोदक या ईंधन था। इसकी ऊंचाई लगभग 22 मीटर और व्यास 1 मीटर था। इसका कुल वजन 17 टन था। कुल चार एस.एल.वी. में से 2 सफल हुए थे। 1979 में इसका पहला प्रक्षेपण हुआ था पर सफलता 1980 में द्वितीय प्रक्षेपण में मिली जब रोहिणी उपग्रह इसी के द्वारा अंतरिक्ष में छोड़ा गया था। एस.एल.वी. ने आगे की उन्नत परियोजनाओं के लिए मार्ग प्रशस्त किया।

एसएलवी के बाद अंतरिक्ष विभाग की अगली परियोजना थी संवर्धित उपग्रह प्रक्षेपण यान (ए.एस.एल.वी.) जिसका उद्देश्य था 150 कि.ग्रा. वजन के उपग्रह अंतरिक्ष में छोड़ना। इसकी चार विकासात्मक उड़ानें थीं। यह पाँच चरणों वाला रॉकेट था। इसमें दो बूस्टर लगे थे जो प्रथम चरण का कार्य करते थे। यह 41 टन का रॉकेट था जिसकी लंबाई 23.5 मीटर थी। अब हम बात करते हैं इस मॉडल पी.एस.एल.वी. की। यह दुनिया के सबसे विश्वसनीय प्रक्षेपण यानों में से एक है जो पिछले 20 वर्षों से सेवा दे रहा है। चंद्रयान परियोजना में भी इसका प्रयोग किया गया था। इसके द्वारा अभी तक 20 से अधिक देशों के 200 से अधिक उपग्रह छोड़े जा चुके हैं। वर्ष 2008 में इसने एक साथ 10 उपग्रह पृथ्वी की निम्न कक्षा में विभिन्न ऊंचाई पर छोड़ कर एक कीर्तिमान बनाया। वर्ष 2015 में इसके द्वारा 17 विदेशी उपग्रह छोड़े गए जो कनाडा, इंडोनेशिया, सिंगापुर, यूके और यूएसए के थे। पी.एस.एल.वी. की ऊंचाई 44 मीटर है। यह जो मॉडल यहाँ पर दिख रहा है यह 44 मीटर का ही है।

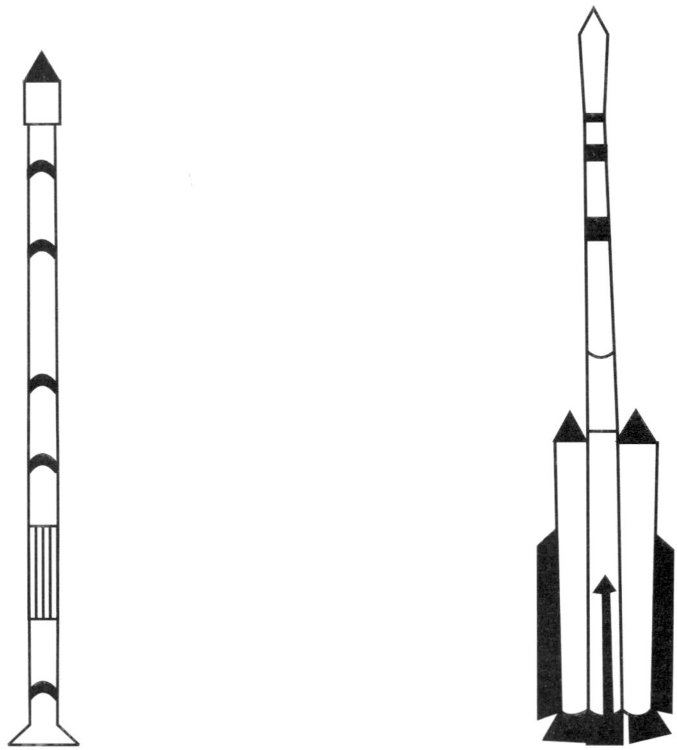

**चित्र-5.2: एस.एल.वी. और ए.एस.एल.वी.**

इसका व्यास 2.8 मीटर है। जैसा तुम्हें यहाँ दिखाई दे रहा है इसके चार चरण हैं और साथ में ये छः बूस्टर या वर्धक लगे हैं। इन बूस्टरों में हाइड्रॉक्सिल टर्मिनेटेड पॉली ब्यूटाडाईन ईंधन होता है। इसके चार चरणों में बारी-बारी से ठोस और तरल ईंधन भरा होता है। वर्ष 1993 में पी.एस.एल.वी. का पहला प्रक्षेपण हुआ था। ओशनसैट, कल्पना, कार्टोसैट, रिसोर्ससैट, चंद्रयान, रिसैट, जीसैट, मेघा ट्रोपिक्स, सरल, आई. आर.एन.एस.एस. जैसे कई उपग्रह पी.एस.एल.वी. द्वारा छोड़े जा चुके हैं। चलो, अब अंदर चलते हैं। देखते हैं इसरो के गौरवशाली इतिहास की यह प्रदर्शनी।

संग्रहालय के अंदर और कई सारे प्रारूप रखे थे। संग्रहालय के छः खंड इसरो के शैशव से लेकर भविष्य तक की कहानी दर्शाते हैं। बच्चे एक खंड से लेकर दूसरे

खंड तक घूम–घूम कर सभी प्रारूप, सूचना पट्ट और प्रदर्शित जानकारी को देखने लगे। इसरो का इतिहास, शिक्षा, प्रौद्योगिकी, उपयोग, वैश्विक और भविष्य खंडों में सारी जानकारी विभाजित की गयी थी। रमन और गोपाल एक तरफ खड़े होकर बच्चों की उत्सुकता देख रहे थे और आपस में बाते भी किए जा रहे थे। सारे प्रदर्शन पट्ट देखते–देखते थिएटर में दिखाई जाने वाली फिल्म का समय हो गया था। सभी लोग अंदर गए जहां पर सराउंड साउंड के साथ इसरो की फिल्म दिखाई जाती है। फिल्म देख कर अभिभूत हुए सभी लोग वापस आए। संग्रहालय में सभी बच्चों को जी.एस.एल.वी. का पेपर का मॉडल मिला जिसे उन्हें स्वयं जोड़ना था। इसके साथ उन्हें बहुत सारे पोस्टर भी मिले।

दोपहर के भोजन का वक्त हो चला था और बच्चों ने सब देख लिया था। गोपाल, रमन और दादा जी को पता था कि बच्चों के प्रश्नों की झड़ी आने ही वाली है। रमन सब को बाहर ले आए और पास के समुद्र तट पर साथ लाये हुए केरल के विशिष्ट व्यंजन सब को खाने के लिए दिये। खाने में अप्पम, इडियाप्पम, अवियल, पचड़ी, सांभर और खिचड़ी थे। खाने के बाद नारियल के दूध का बना पायसम था। सभी ने खाने का जी भर के स्वाद लिया।

**आदित्यः** गोपाल अंकल, संग्रहालय के अंदर जी.एस.एल.वी. प्रक्षेपण यान का एक छोटा प्रारूप रखा था। जी.एस.एल.वी. से कौन से उपग्रह का प्रक्षेपण होता है?

**गोपालः** बताता हूँ आदित्य। आओ यहाँ छाँव में बैठते हैं। हमारे पास बहुत समय है। जी.एस.एल.वी. का मतलब है भू स्थिर उपग्रह प्रक्षेपण यान। मैंने बताया था न कि कुछ उपग्रहों को भू स्थिरीय उपग्रह कहा जाता है। ये पृथ्वी से 36,000 कि.मी. की ऊंचाई पर पृथ्वी का चक्कर लगाते हैं। इन उपग्रहों को साधारणतया दूर संचार, मौसम आदि के उपयोग में लाया जाता है। बहु उपयोगी उपग्रह होने के कारण इनका वजन अधिक होता है। 1990 में इस परियोजना का प्रारम्भ हुआ था ताकि भारत भी भू स्थिरीय उपग्रह का प्रक्षेपण कर सके जिसके लिए हमें अमेरिका या यूरोप पर निर्भर रहना पड़ता था। यह 2.5 टन के उपग्रह को भू तुल्यकालिक स्थानांतरण कक्ष में भेज सकता है।

**रिमझिमः** जी.एस.एल.वी. कितने चरणों का रॉकेट है?

**गोपालः** यह तीन चरणों का रॉकेट है रिमझिम। एक चरण में ठोस, दूसरे में द्रव और तीसरे में क्रायोजेनिक ईंधन का प्रयोग होता है। जी.एस.एल.वी. के द्वारा कम ऊंचाई के कक्ष में 5 टन के उपग्रह छोड़े जा सकते हैं। इसके चारों ओर चार बाह्य बूस्टर लगे होते हैं। इसकी ऊंचाई 49 मीटर है। वर्ष 2001 में पहली विकास उड़ान हुई थी। अगस्त 2015 में जी.एस.एल.वी. ने अपनी नौंवी उड़ान भरी। क्रायोजेनिक ईंधन वाले रॉकेट में प्रणोदक के हर कि.ग्रा. से अधिक बल मिलता है। पर तकनीकी दृष्टि से यह बहुत अधिक जटिल प्रणाली है। प्रारम्भ की उड़ानों में सोवियत संघ से प्राप्त क्रायोजेनिक इंजन का प्रयोग किया गया परंतु अब भारत में ही विकसित इंजन का प्रयोग किया जा रहा है।

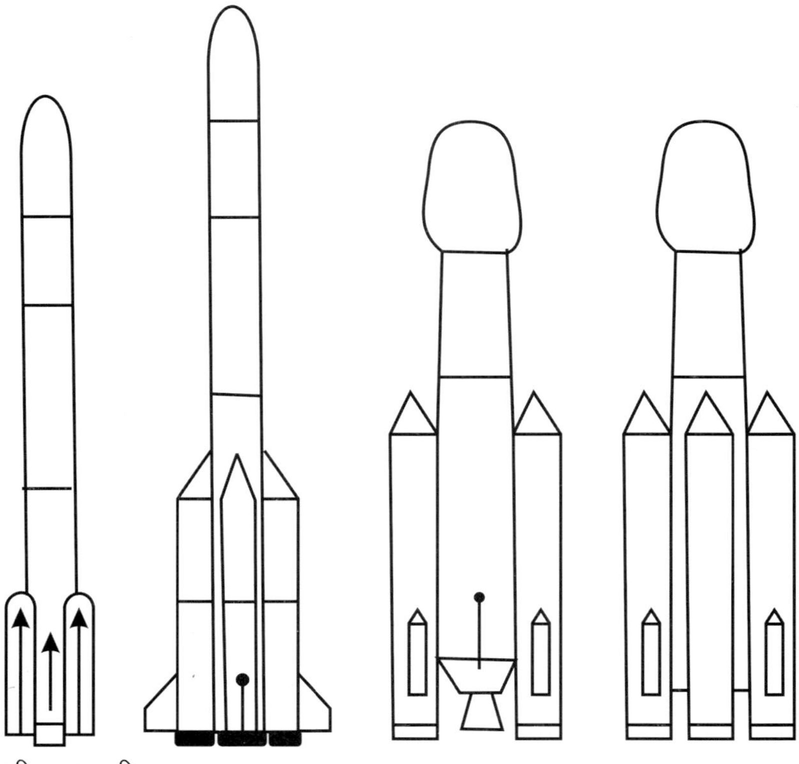


**चित्र–5.3: विभिन्न प्रक्षेपण यान**

**आदित्यः** अंकल जी, जी.एस.एल.वी. के बाद क्या?

**गोपालः** बेटा, इसरो एलवीएम 3 यानि प्रक्षेपण यान मार्क III पर कार्य कर रहा है ताकि करीबन 4 टन वजन के उपग्रह भू स्थिरीय कक्ष में प्रक्षेपित कर सके। इसमें भी भारत में ही विकसित अधिक क्षमता का क्रायोजेनिक इंजन प्रयोग किया जाएगा। इसकी पहली प्रयोगिक उड़ान एलवीएम3 एक्स/केयर मिशन 2014 में हुई और इसके वायुमंडलीय चरण का सफल परीक्षण हुआ। वायुमंडल में पुनः वापस आने वाले मॉड्यूल का सफल परीक्षण भी उसी समय हुआ जब नियत रूप से पृथ्वी के वायुमंडल में आकर इसका पैराशूट खुला और ये बंगाल की खाड़ी में गिर गया। एलवीएम 3 की ऊंचाई 43.43 मीटर है और इसका व्यास 4 मीटर है। प्रक्षेपण के समय इसका वजन 640 टन रहेगा।

**दादाः** बच्चों थके नहीं तुम लोग। इसरो की पूरी जानकारी ले ली तुम लोगों ने। अब कुछ बचा है क्या?

**बंटीः** दादा जी, चंद्रयान तो रह गया । रमन चाचा याद है, आपने चंद्रयान के बारे में बताया था। उसके बारे में विस्तार से बताइये न।

**रमनः** गोपाल अब चंद्रयान और मंगलयान के बारे में भी बता ही डालो।

**गोपालः** जरूर रमन, वैसे भी मैं जिस जगह पर ले जाने वाला हूँ वहाँ जाने में अभी देर है।

**बंटीः** गोपाल अंकल, कहाँ जाएँगे हम?

**गोपालः** बाद में बताऊंगा। पहले चंद्रयान और मंगलयान के बारे में तो सुन लो। चंद्रयान के मिशन के बारे में सबसे पहले 1999 में भारतीय विज्ञान अकादमी की बैठक में विचार किया गया था। इसरो ने वर्ष 2000 में एक चन्द्र मिशन कार्य दल बनाया जिसमें अग्रणी भारतीय वैज्ञानिक और प्रौद्योगिकीविद थे। वहाँ पर इस मिशन

की सभी संभावनाओं पर चर्चा हुई। चर्चा के बाद सर्वसम्मति से इस बात का निर्णय लिया गया कि भारत को चंद्रमा अभियान के लिए कार्य करना चाहिए। सभी का यह मानना था कि इससे इसरो को भू स्थिरीय कक्ष से आगे जाने की चुनौती मिलेगी। चंद्रमा पर सीधे या अप्रत्यक्ष रूप से पहुंचा जा सकता है। अप्रत्यक्ष रूप से पहुँचने के तरीकों में एक तरीका चंद्रयान में अपनाया।

चंद्रयान-1 अंतरिक्ष यान को पहले पृथ्वी के चारों ओर एक अंडाकार कक्ष में रखा गया। इसके बाद इसकी पृथ्वी के समीप की बिन्दु (पेरीजी) बढ़ाते गए और फिर इसने चंद्रमा की यात्रा प्रारम्भ कर दी। जब यह चंद्रमा के पास पहुंचा तो कक्ष में कुछ परिवर्तन करते हुए इसे चंद्रमा से 100 कि.मी. दूर के कक्ष में रखा गया।

चंद्रयान-1 को अक्तूबर 2008 में पी.एस.एल.वी.- एक्सएल रॉकेट से छोड़ा गया था। चंद्रयान ने पृथ्वी से चंद्रमा की दूरी विभिन्न चरणों में तय की।

**चित्र-5.4: चंद्रयान परियोजना का प्रतीक चिह्न**

चंद्रयान मिशन के दो उद्देश्य थे। पहले उद्देश्य के अंतर्गत दुनिया को भारतीय अंतरिक्ष अनुसंधान की ग्रहों का अन्वेषण करने की क्षमता का प्रदर्शन करना था। दूसरे उद्देश्य के अंतर्गत विश्व स्तर का वैज्ञानिक अभियान चलाना था ताकि चंद्रमा की उत्पत्ति और विकास के बारे में हमारा ज्ञान वर्धन हो सके।

दूसरे उद्देश्य के तहत चंद्रयान-1 का काम चंद्रमा का दृश्य, निकट अवरक्त, कम ऊर्जा एक्स रे और अधिक ऊर्जा एक्स रे में सुदूर संवेदन करना तथा चंद्रमा का त्रि-आयामी एटलस बनाना था। यह चंद्रमा के सतह से 100 कि.मी. पर घूम कर चंद्रमा की सतह से रसायनिक, खनिजीय आंकड़े एकत्रित करता रहा। इसमें कुल 11 नीतभार थे।

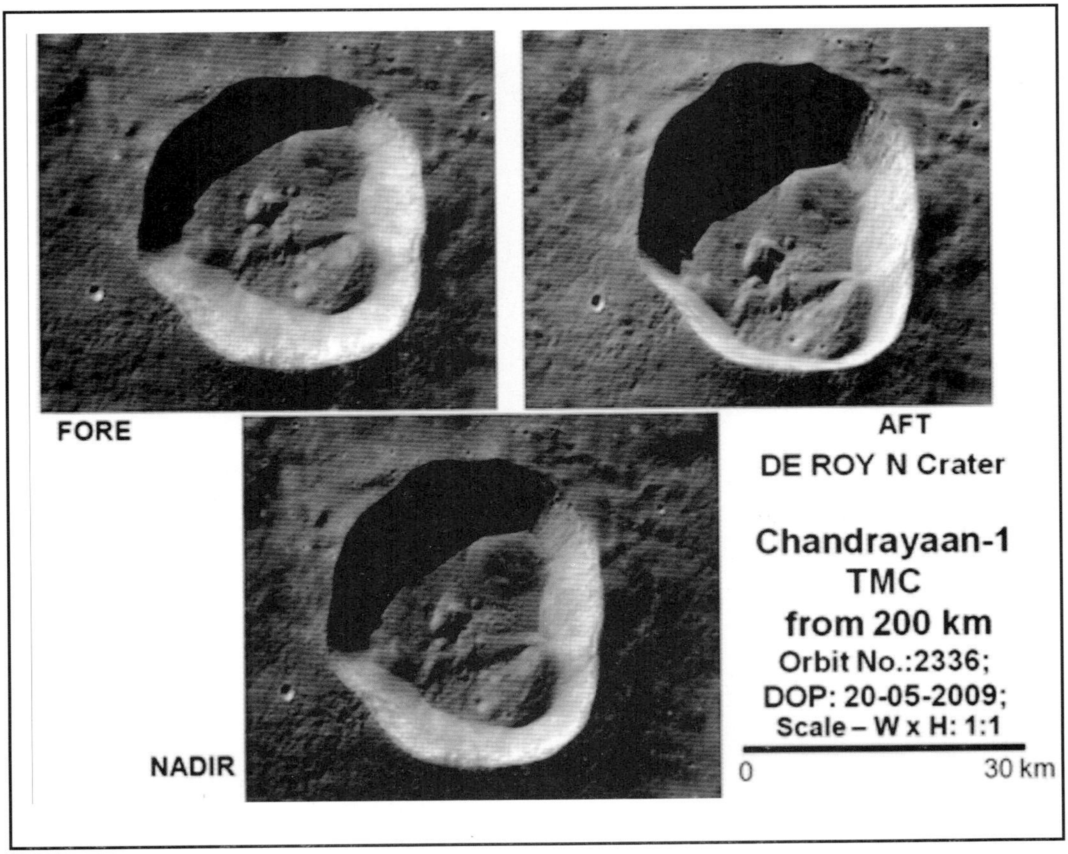


**चित्र-5.5: चंद्रमा से प्राप्त त्रि आयामी चित्रों का अध्ययन**

चंद्रयान के पहले चरण में एक लुनार ओर्बिटर मून इम्पैक्ट प्रोब छोड़ा गया था जो चंद्रयान से अलग होकर चंद्रमा पर एक स्थान पर टकराया। उतरते समय यह चंद्रमा के वायुमंडल में प्रयोग कर रहा था और इसने वहाँ पर पानी की उपस्थिति का पता लगाया। मून खनिज मैपर के द्वारा भी चंद्रमा पर पानी की पुष्टि हुई जो जे.पी.एल. विश्वविद्यालय का नीतभार था।

चंद्रयान-1 एक ऐसा मिशन था जिसमें ऐसे नीतभार लगे थे जो चंद्रमा की सतह, उप सतह पर पानी या बर्फ की खोज करने के लिए केन्द्रित थे। चंद्रयान का द्वितीय चरण तैयार है जिसमें चंद्रमा पर प्रोब को धीरे से उतारा जाएगा और एक रोवर भी चंद्रमा पर चलाया जाएगा।

**रिमझिमः** अंकल, चंद्रयान-1 की मुख्य खोज क्या थी?

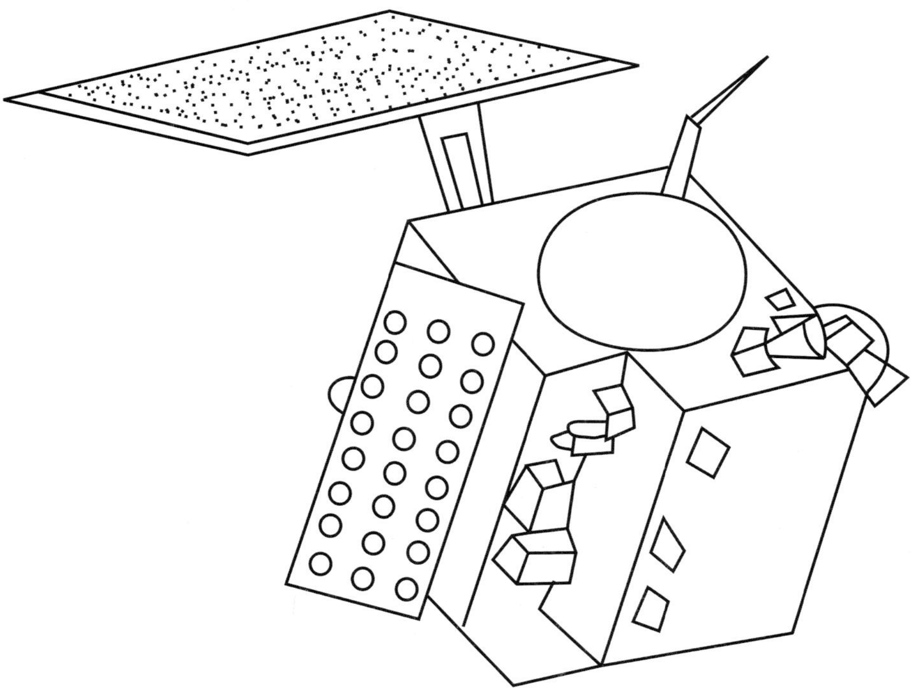

**चित्र-5.6: चंद्रयान का प्रारूप**

**गोपालः** चंद्रमा की सतह पर पानी की उपस्थिति का पता लगाना चंद्रयान की बहुत बड़ी उपलब्धि है। इसके ठंडे ध्रुवीय क्षेत्र के पास यह प्रमुखता से उपलब्ध है ऐसा प्रतीत होता है। इसके अलावा, चंद्रमा के कमजोर वातावरण में पानी और कार्बन डाइ ऑक्साइड की उपस्थिति, ध्रुवीय छाया क्षेत्र में स्थायी बर्फ की संभावित उपस्थिति, पहले न पहचान हुई  दुर्दम्य चट्टानें और चंद्रमा का त्रि–आयामी नक्शा इस मिशन की अन्य उपलब्धियों में से है।

**रिमझिमः** अब मंगलयान के बारे में अंकल।

**गोपालः** मंगल ग्रह के बारे में तो तुम सब जानते ही होगे।

**आदित्यः** हाँ अंकल। सभी ग्रहों के बारे में हमें बताया गया था। यह लाल ग्रह है जो कई तरह से पृथ्वी के समान है। यहाँ का एक दिन करीबन पृथ्वी के एक दिन के बराबर है।

**गोपालः** सही कहा। वर्ष 2025 में भारत की अंतरिक्ष परिकल्पना क्या हो इस चर्चा ने ग्रहों के अन्वेषण और सौर प्रणाली तथा ब्रह्मांड की बेहतर समझ के लिए विज्ञान परियोजना पर बल दिया। सभी का यह मानना था कि ग्रहों के मध्य की ऊर्जा और जीवन प्रक्रियाओं को समझने के लिए इस तरह की परियोजना बहुत आवश्यक है और भविष्य में ऊर्जा के वैकल्पिक स्रोत, बेहतर पर्यावरण प्रणाली के लिए एक नया रास्ता खोलेगा। हमारी मंगल ग्रह में अधिक रुचि है क्योंकि यह हमसे सबसे पास है और हमारे अतीत का रहस्य और भविष्य की संभावनाएं इसमें निहित हो सकती हैं। मंगल ग्रह इन्सानों को मोहित करता आया है क्योंकि जब भी हमने दूसरे ग्रहों पर जीवन होने की बात की हमने मंगल की परिकल्पना की। मंगल ग्रह की उत्पत्ति करीबन पृथ्वी के साथ ही हुई । यहाँ का जो औसत तापमान है वह पृथ्वी के कुछ स्थानों पर पाया जाता है और पृथ्वी के उन स्थानों पर मनुष्य जा चुके हैं। मंगल का वातावरण भी पृथ्वी की तरह वायुमंडल, जल मण्डल, स्थल मण्डल और निम्न ताप मण्डल के मध्य की पारस्परिक क्रियाओं से प्रभावित होता है।

**आदित्यः** मंगल मिशन के क्या उद्देश्य थे?

**गोपालः** मंगल मिशन के कई तरह के उद्देश्य थे। तकनीकी उद्देश्य में मंगल ऑर्बिटर की परिकल्पना और उसका मूर्त रूप ताकि यह कौशल से अपने आप को पथ में ढाल सके; 300 दिनों की यात्रा; मंगल ग्रह के कक्ष में घुसना और मंगल ग्रह का चक्कर लगाना शामिल है। वैज्ञानिक उद्देश्य में मंगल ग्रह की सतह का अध्ययन, आकृति विज्ञान, स्थलाकृति और इसके वायुमंडल का अध्ययन शामिल है।

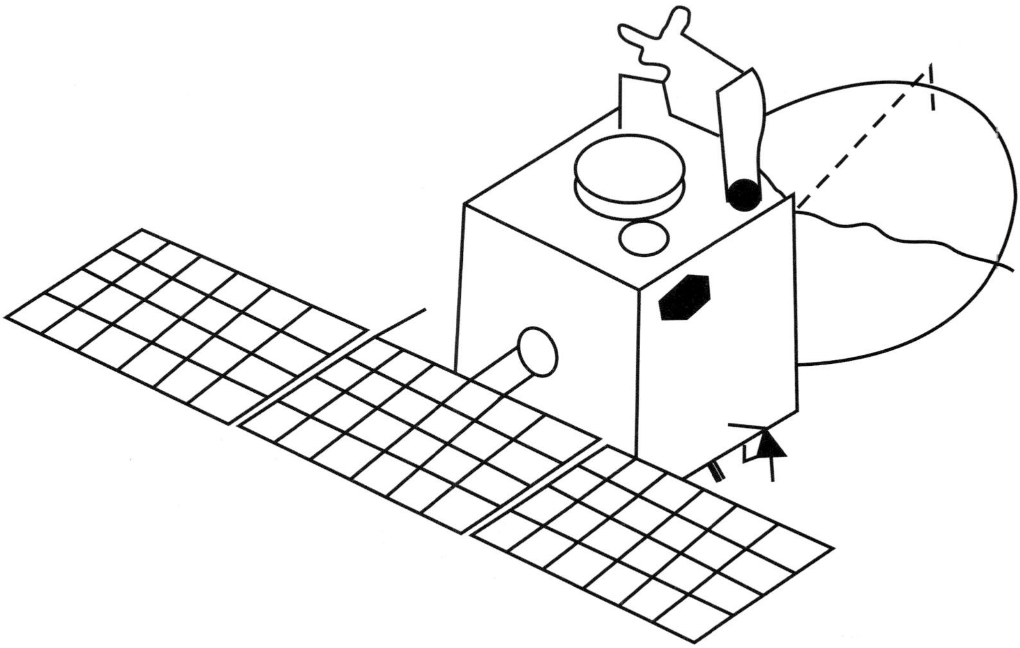

**चित्र-5.7: मंगलयान का प्रारूप**

मंगल मिशन के तीन चरण थे। पहले चरण में अंतरिक्ष यान को पृथ्वी के चारों ओर एक अंडाकृति पड़ाव (पार्किंग) कक्ष में पहुंचाया गया। छः इंजन जलने के बाद अंतरिक्ष यान धीरे धीरे अतिपरवलीय (hyperbolic) प्रस्थान प्रक्षेप पथ (Trajectory) में पहुंचा जहां से यह पृथ्वी के प्रभाव क्षेत्र से बाहर निकला। प्रथम

चरण के बाद, द्वितीय चरण में यान ने पृथ्वी के कक्ष को स्पर्श रेखीय छोड़ा और मंगल के कक्ष में स्पर्श रेखीय प्रवेश किया। यह तभी संभव है जब मंगल ग्रह भी वहाँ पर हो। ऐसी स्थिति तब आती है जब पृथ्वी, मंगल और सूर्य लगभग 44 डिग्री का कोण बनाते हों। ऐसी स्थिति हर 780 दिनों के बाद आती है। नवंबर 2013 के बाद ऐसी स्थिति जनवरी 2016 में आई और अब पुनः मई 2018 में आएगी।

तृतीय चरण में मंगल से करीबन 5 लाख कि.मी. की दूरी पर अंतरिक्ष यान पहुंचा और वहाँ पर इसे नियंत्रित कर इसकी गति को कम किया जिसके द्वारा इसने मंगल के कक्ष में प्रवेश कर लिया। यहाँ पर मंगलयान के प्रतीक चिह्न को दर्शाया गया है। इसमें नीले रंग में पृथ्वी, और कत्थई रंग में मंगल ग्रह को दिखाया गया है।

**चित्र-5.8: मंगलयान का प्रतीक चिह्न**

**आदित्यः** इसरो की तो बड़ी बड़ी उपलब्धियां हैं।

**गोपालः** हाँ, 2018 मध्य तक इसरो की उपलब्धियों में 97 अंतरिक्ष यान मिशन, 67 प्रक्षेपण मिशन, 9 छात्र उपग्रह, 2 पुनः प्रवेश मिशन शामिल है। इतना ही नहीं, इसरो ने 237 विदेशी उपग्रहों को भी छोड़ा है।

**बंटीः** 237 विदेशी उपग्रह। बाप रे, ये तो बहुत सारे हैं। कौन कौन से देशों के उपग्रह हैं गोपाल अंकल।

**गोपालः** बहुत सारे देश हैं, जिनके उपग्रह इसरो ने अपने प्रक्षेपण यान से अंतरिक्ष में भेजे हैं। तुम्हें पता है, सबसे पहले सन 1999 में जर्मनी का उपग्रह टबसैट पी.एस.एल.सी.-सी2 द्वारा अंतरिक्ष में भेजा गया था। तब से 20 देशों के उपग्रह सफलता पूर्वक छोड़े जा चुके हैं, जिनमें अल्जीरिया, अर्जेंटीना, ऑस्ट्रिया, बेल्जियम, कनाडा, डेनमार्क, फ्रांस, जर्मनी, इंडोनेशिया, इजराइल, इटली, जापान, लक्जमबर्ग, नीदरलैंड, कोरिया गणराज्य, सिंगापुर, स्विट्जरलैंड, तुर्की, यूनाइटेड किंगडम और यू.एस.ए. शामिल हैं।

**रिमझिमः** एक बार में एक प्रक्षेपण यान कितने उपग्रह अंतरिक्ष में भेजता है?

**गोपालः** अरे, मैं तुम्हें बताना तो भूल ही गया। तुम्हें जानकार प्रसन्नता होगी कि पी.एस.एल.वी. के 37 वे प्रक्षेपण (पी.एस.एल.वी.-सी37) में इसरो ने सफलता पूर्वक 714 किलोग्राम के कार्टोसैट उपग्रह को तो प्रक्षेपित किया ही, लेकिन उसके साथ 103 अन्य उपग्रहों को भी 15 फरवरी, 2017 को श्रीहरिकोटा से अंतरिक्ष में प्रक्षेपित किया। सभी 104 उपग्रहों का सम्मिलित भार 1378 किलो था।

**रिमझिमः** सभी 104 उपग्रह भारत के थे क्या चाचा? और सभी उपग्रहों को एक साथ छोड़ा गया था क्या?

**गोपालः** नहीं रिमझिम। कार्टोसैट उपग्रह मुख्य उपग्रह था। इसके अलावा भारत के 2 लघु उपग्रह इसरो नैनो उपग्रह (आई.एन.एस.-1) जो 8.4 किलोग्राम का था और आई.एन.एस.-2 जो 9.7 किलोग्राम का था, छोड़े गए थे। बाकी के 101 उपग्रह में

96 यू.एस.ए. यूके, नीदरलैंड, स्विट्जरलैंड, इजराइल, कजाखस्तान और संयुक्त अरब अमीरात के एक एक उपग्रह थे।

उपग्रहों को एक साथ प्रक्षेपित नहीं किया जाता। पी.एस.एल.वी. सी-37 सबेरे 09:28 आईएसटी पर श्रीहरीकोटा से प्रक्षेपित हुआ। 16 मिनट 48 सेकंड के बाद कार्टोसैट उपग्रह को छोड़ा गया। उसके बाद 12 मिनट में सभी उपग्रहों को एक के बाद एक छोड़ा गया।

पी.एस.एल.वी. की 42 वी उड़ान में पुनः इसरो ने 31 उपग्रहों का एक साथ प्रक्षेपण किया। 710 किलोग्राम वजन के कार्टोसैट-2 श्रृंखला के उपग्रह के साथ 30 सहयात्री उपग्रहों का भी प्रक्षेपण हुआ। भारत के आईएनएस-1सी और माइक्रो सैट के साथ कनाडा, फिनलैंड, फ्रांस, कोरिया गणराज्य, यूके और यूएसए के उपग्रह प्रक्षेपित हुये।

**आदित्यः** गोपाल चाचा, इसरो हर वर्ष कितने प्रक्षेपण करता है?

**गोपालः** प्रक्षेपण की संख्या निश्चित नहीं होती। अब श्रीहरिकोटा में दो लांच पैड हैं, जिसके कारण जल्दी जल्दी प्रक्षेपण संभव है। 2018 में ही 7 प्रक्षेपण हो गए हैं। वर्ष 2017 में 6 प्रक्षेपण हुए थे।

तभी गोपाल ने घड़ी देखी। शाम के पाँच बजने वाले वाले थे।

**गोपालः** चलो उठो सब लोग। अब मैं तुम्हें साउंडिंग रॉकेट दिखाने ले चलता हूँ। आज वी.एस.एस.सी. एक साउंडिंग रॉकेट छोडने वाला है जिसे देखने के लिए मैंने अनुमति ले रखी है। ऊपरी वायुमंडल का इन रॉकेटों से अध्ययन होता है।

यह सुनकर सभी उत्सुकता से देखने के लिए चल पड़े। शाम को थके हारे बच्चे आँखों में रॉकेट छोड़ने का दृश्य भरे होटल की ओर लौट रहे थे। गोपाल ने सभी से विदा ली। बच्चों ने अंकल को धन्यवाद दिया। एक दिन में इसरो का सुहाना अतीत सब की आँखों के सामने आ गया था। बंटी गुनगुना रहा था -

गौरवशाली अतीत है, इसरो की कामयाबी का,

आर्यभट्ट से लेकर मंगलयान तक के सफर का।

मंजिल इनकी नहीं आसान, ढेरों हैं चुनौतियाँ,

हारना इन्हें आता नहीं, यही है इनकी खूबियाँ।।

❑❑❑

अध्याय 6

# भारतीय उपग्रह

नयना सबेरे से बहुत व्यस्त थी। पूरी बैठक में गत्ते, कागज, ड्राइंग का सामान फैला हुआ था।

एक तरफ बिजली का सामान और तारें फैली थीं। बोर्ड पर वह कुछ डिजाइन बना रही थी। बंटी घूम-घूम कर जानने का प्रयास कर रहा था कि ये क्या हो रहा है। तभी दरवाजे की घंटी बजी और कॉलेज के चार-पाँच विद्यार्थियों ने घर में प्रवेश किया। ये सभी नयना से मिलने आए थे।

**नयनाः** आ गए तुम सब। चलो अब हमें काम में लगना है। मैंने इस बोर्ड पर डिजाइन बना रखे हैं। इसी आकार के गत्ते काटना है और ढांचा बनाना है।

बंटी से अब और रहा नहीं गया।

**बंटीः** बुआ, प्लीज बताइये न क्या कर रही हैं?

**नयनाः** बंटी, विज्ञान दिवस के अवसर पर हमारे कॉलेज में एक विज्ञान प्रदर्शनी लगने वाली है। अंतरिक्ष से संबंधित मॉडल बनाने का काम मुझे दिया गया है। मैं और ये सब मिल कर भू स्थिरीय उपग्रह और ध्रुवीय उपग्रह के ऐसे मॉडल बनाने वाले हैं जो कार्य करते हों।

**बंटीः** भू स्थिरीय उपग्रह और ध्रुवीय उपग्रह क्या हैं बुआ?

**नयनाः** बंटी, तेरे आज के प्रश्नों के उत्तर मैं नहीं साकेत और प्रिया देंगे। मैं भी तो देखूँ कि इन्हें कितना समझ आया है। लेकिन एक बात ध्यान रखना कि केवल प्रश्न पूछने हैं, काम में व्यवधान नहीं डालना। जाओ पहले जाकर रिमझिम को बुला लो और देखो सूरज और नीता भी आ गए होंगे। उन्हें भी बुला लो। मुझे रमन ने बताया था कि प्रक्षेपण यान के बारे में तुमको ढेर सारी जानकारी तिरुवनन्तपुरम में गोपाल दे चुके हैं पर उपग्रहों के बारे में अधिक नहीं बताया है। चलो अब सब लोग अलग-अलग काम हाथ में ले लो। साकेत तुम और रोहन भू स्थिरीय उपग्रह बनाओगे और प्रिया तुम सलोनी के साथ मिल कर ध्रुवीय उपग्रह बनाओगी। लेकिन इसके पहले कौन देगा बंटी के प्रश्न का उत्तर?

**साकेतः** मैडम, मैं संभालता हूँ प्रश्नों का मोर्चा और फिर सौंप दूंगा प्रिया को। क्या आप सब जानते हैं उपग्रह के बारे में।

**रिमझिमः** हाँ साकेत भैया। हमें पता है उपग्रह के बारे में। उपग्रह वे खगोलीय पिंड हैं जो अंतरिक्ष में चक्कर लगाते हैं।

**साकेतः** बराबर। उपग्रह दो तरह के होते हैं, प्राकृतिक और मनुष्य द्वारा निर्मित। कुछ प्राकृतिक उपग्रह हैं जैसे चंद्रमा और बहुत सारे मानव द्वारा निर्मित उपग्रह हैं जो पृथ्वी का चक्कर लगाते हैं। भारत का पहला उपग्रह आर्यभट्ट था। उसके बाद भास्कर और रोहिणी उपग्रह छोड़े गए।

**बंटीः** भैया, उपग्रह कितने प्रकार के होते हैं?

**साकेतः** उपग्रह कई प्रकार के होते हैं। उनका वर्गीकरण भी कई तरह से हो सकता है। खगोलीय उपग्रह वे उपग्रह हैं जो बाह्य अंतरिक्ष के खगोल पिंडों का अध्ययन

करते हैं। संचार उपग्रह दूरसंचार के प्रयोजन के लिए अंतरिक्ष में छोड़े जाते हैं। कुछ उपग्रह पृथ्वी का अवलोकन करने के लिए छोड़े जाते हैं। नौवहन उपग्रह रेडियो संकेतों के उपयोग से पृथ्वी पर किसी व्यक्ति की स्थिति का पता लगाते हैं। कुछ उपग्रह पृथ्वी से मनुष्य को ले जाकर अंतरिक्ष में पृथ्वी का चक्कर लगाने में सक्षम हैं। लघु उपग्रह छोटे आकार के होते हैं जिन्हें मिनी उपग्रह (500–100 कि. ग्रा.), माइक्रो (100 कि. ग्रा.से कम) और नैनो उपग्रह (10 कि. ग्रा.) वर्गों में बाँटा जाता है। मौसम उपग्रह का मुख्य कार्य मौसम और जलवायु की निगरानी करना है।

**रिमझिम:** उपग्रह के वर्गीकरण के और क्या प्रकार हैं?

**साकेत:** उपग्रह जिस कक्ष में घूमते हैं उस कक्ष के गुणों के आधार पर भी वर्गीकरण होता है। पृथ्वी के चारों ओर चक्कर लगाने वाले उपग्रहों को भू उपग्रह कहते हैं। ऐसे उपग्रहों की संख्या बहुत अधिक है। सूर्य के चारों ओर चक्कर लगाने वाले उपग्रहों को सूर्य केंद्रीय कक्ष उपग्रह कह सकते हैं। कक्ष की ऊंचाई के आधार पर उपग्रहों को कम (2000 कि.मी. तक), मध्यम (2000–36000 कि.मी.) और अधिक (>36000 कि.मी.) ऊंचाई वाले कक्षीय उपग्रह में बाँटा जा सकता है। झुकाव के आधार पर उपग्रह ध्रुवीय कक्ष में घूम सकते हैं या सूर्य समकालिक कक्षा में जिसमें हर अक्षांश से गुजरने का स्थानीय समय हमेशा एक ही रहता है।

**बंटी:** भैया, भारत के उपग्रहों के बारे में भी बताएं।

**साकेत:** 1975 में भारत ने पहला उपग्रह छोड़ा था। तबसे लेकर अब तक करीबन 80 से अधिक उपग्रह छोड़े जा चुके हैं। भारत का पहला उपग्रह आर्यभट्ट था जिसे वर्ष 1975 में छोड़ा गया था। तत्कालीन प्रधानमंत्री ने यह नाम पसंद किया था जो पहले भारतीय खगोलविद के नाम पर था।

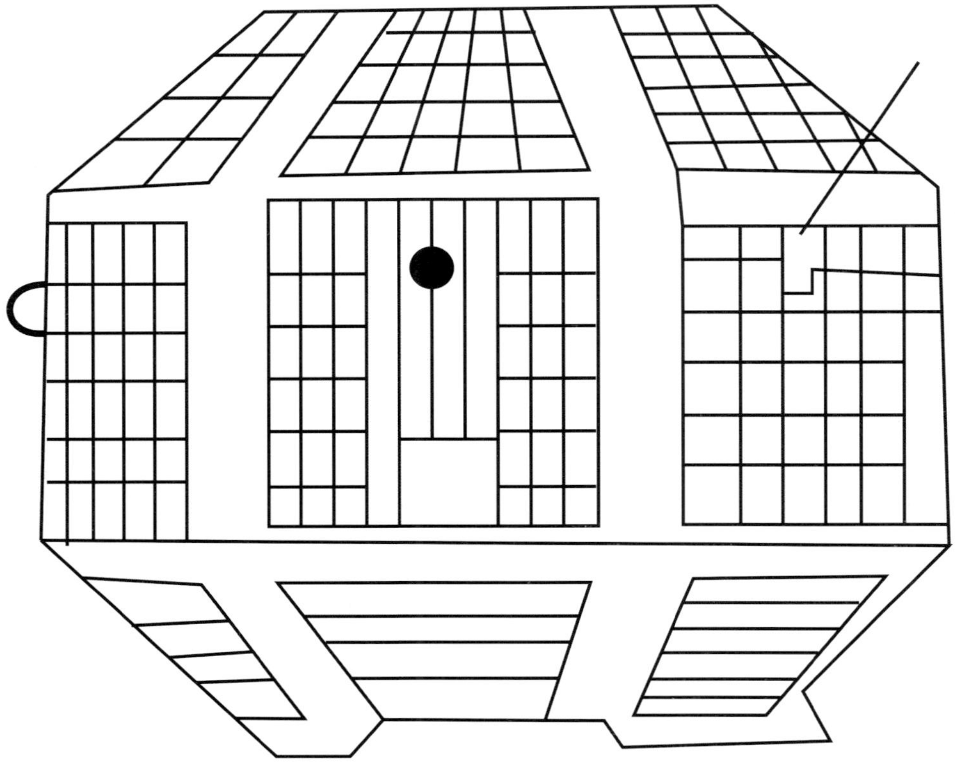

**चित्र-6.1: प्रथम भारतीय उपग्रह - आर्यभट्ट**

आर्यभट्ट का वजन 360 कि.ग्रा. था और इसे रूस में स्थित वोल्गोग्राड प्रक्षेपण स्थल से छोड़ा गया था। इस उपग्रह के ऊपर और नीचे के हिस्सों को छोड़ कर सभी हिस्से सौर पट्टिकाओं से ढके थे। आर्यभट्ट के चार वर्षों के बाद सोवियत संघ से ही भास्कर उपग्रह छोड़ा गया था। यह पहला प्रयोगात्मक सुदूर संवेदन उपग्रह था। इसका वजन 442 कि.ग्रा. था और इसमें टीवी कैमरा और तीन बैंड सूक्ष्म तरंग रेडियोमीटर लगे थे। भास्कर-I को 1979 में और भास्कर-II को 1981 में प्रक्षेपित किया गया था।

रोहिणी उपग्रह वे प्रयोगात्मक उपग्रह थे जिन्हें स्वदेशी प्रमोचन यान ए.एस.एल.वी. द्वारा छोड़ा गया था। इनका वजन 35 किलो था। वर्ष 1979 में इनका प्रथम प्रक्षेपण और 1983 में अंतिम प्रक्षेपण हुआ था।

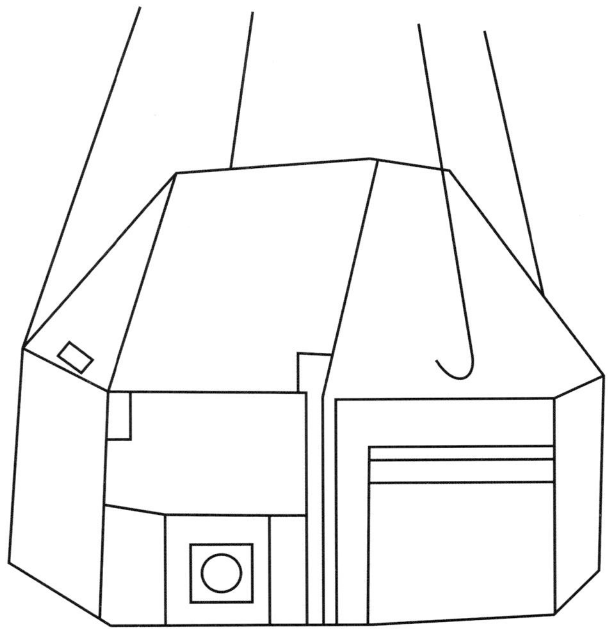

**चित्र-6.2: रोहिणी उपग्रह**

अब हम बात करते हैं भू स्थिरीय उपग्रहों की। क्या आप जानते हैं किन्ही भू स्थिरीय उपग्रहों के बारे में?

**रिमझिमः** हाँ साकेत भैया, मैंने सुना है कि इन्सैट उपग्रह भू स्थिरीय उपग्रह है।

**साकेतः** सही कहा तुमने रिमझिम, इन्सैट ही नहीं जीसैट, कल्पना, आई.आर.एन.एस.एस. आदि उपग्रह भी इसी श्रेणी में आते हैं।

**रिमझिमः** इनकी क्या खासियत है भैया।

**साकेतः** भू स्थिरीय उपग्रह पृथ्वी की भूमध्य रेखा पर स्थित होते हैं और एक वृत्तीय कक्ष में पृथ्वी के चारों ओर घूमते हैं। उनके घूर्णन की दिशा और वेग दोनों पृथ्वी के समान हैं, इसीलिए पृथ्वी से देखने पर वे स्थिर लगते हैं। इनकी ऊंचाई लगभग

36,000 कि.मी. होती है क्योंकि इसी ऊंचाई पर इनके घूर्णन की गति पृथ्वी की गति के बराबर होगी। भू स्थिरीय उपग्रह यदि और अधिक ऊंचाई पर चले गए तो पृथ्वी के गुरुत्वाकर्षण से बाहर निकाल जाएँगे। ये कक्ष दो प्रकार के होते हैं। एक है भू समकालिक कक्ष और दूसरा भू स्थिरीय कक्ष। भू समकालिक कक्ष के एक दिन की लंबाई पृथ्वी के एक नक्षत्र दिन के बराबर होती है जो लगभग 23 घंटे, 56 मिनट और 4 सेकंड के बराबर है। दिन में 24 घंटे होते हैं पर 24 घंटों में पृथ्वी सूर्य के चारों ओर 1/365 दिन से आगे बढ़ती है। यानि घूर्णन और कक्ष के सिंक्रनाइज होने से पृथ्वी के पर्यवेक्षक को एक नक्षत्र दिन के बाद आकाश में वही वस्तु उसी स्थान पर दिखेगी। दिन भर में वह वस्तु 8 का आकार आकाश में बनाएगी। भू समकालिक कक्ष की एक विशेष स्थिति भू स्थिरीय है जब उपग्रह भूमध्य रेखीय वृत्ताकार कक्ष में घूमता है और पृथ्वी के सापेक्ष में स्थिर दिखाई देता है।

**सूरजः** इस कक्ष के बारे में सबसे पहले किसने कल्पना की?

**साकेतः** भू स्थिरीय उपग्रह के कक्षीय पथ को क्लार्क कक्ष कहा जाता है। विज्ञान कथा लेखक आर्थर सी क्लार्क ने सबसे पहले इस कक्ष की कल्पना दी थी। द्वितीय विश्व युद्ध में प्रयुक्त जर्मन रॉकेट अनुसंधान के अध्ययन के बाद क्लार्क ने वर्ष 1945 में एक लेख में सुझाव दिया था कि मानव निर्मित उपग्रह, संचार रिले के रूप में कार्य कर सकते हैं। वायरलेस वर्ल्ड पत्रिका में छपे उनके लेख का विषय था 'अस्थलीय रिले – क्या रॉकेट स्टेशन पूरी दुनिया को रेडियो कवरेज दे सकते हैं?

**रिमझिमः** इन भू स्थिरीय उपग्रहों का कोई विशेष उपयोग भी है क्या?

**साकेतः** हाँ, इन उपग्रहों के कई उपयोग हैं जिनमें से प्रमुख वैश्विक संचार, टेलीविजन प्रसारण और मौसम की भविष्यवाणी है। इसके अलावा, रक्षा और खुफिया अनुप्रयोग भी हैं। ऊंचाई पर स्थित होने के कारण रेडियो के संकेतों को उपग्रह तक पहुँचने और वापस आने में 0.25 सेकंड का समय लगता है जिसके कारण थोड़ी सी ही सही पर बातचीत में देरी महसूस होती है। इन उपग्रहों की एक और परेशानी है। जो देश 60 डिग्री अक्षांश से ऊपर हैं उन तक उपग्रहों के संकेत नहीं पहुँचते हैं। उपग्रह

की ओर देखने के लिए क्षितिज की ओर देखना पड़ता है। संकेतों को वातावरण से होकर गुजरना पड़ता है और स्थलाकृति, वनस्पति या भवन भी संकेतों को अवरुद्ध कर सकते हैं। इसका एक उपाय मोलनीया कक्ष है जिसके बारे में नयना मैडम आप को बताएंगी।

**नयनाः** चलो मैं तुम्हें एक चित्र से समझाती हूँ अलग अलग कक्षों के बारे में। ये जो चित्र तुम देख रहे हो, उसमें भूमध्य रेखा पर घूमने वाले उपग्रहों को भू-स्थिरीय उपग्रह कहते हैं। ये जो दूसरा कक्ष है उसे भू समकालिक कक्ष कहते हैं। अब इस दूसरे चित्र की ओर देखो। इसमें कम ऊंचाई वाले कक्ष के साथ मोलनीया कक्ष भी दिखाया है।

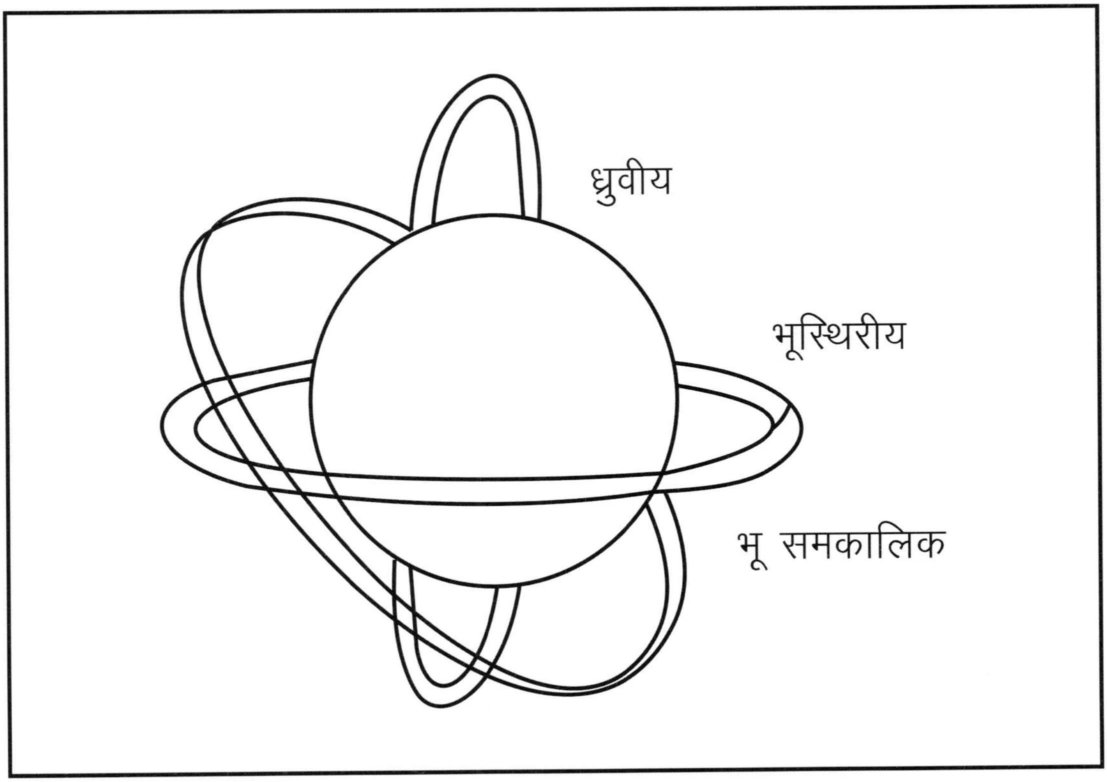


**चित्र-6.3: कक्ष के प्रकार**

लोअर अर्थ ऑर्बिट (एलईओ) निम्न पृथ्वी ऊंचाई वाला कक्ष है। मध्यम पृथ्वी ऊंचाई वाला कक्ष एमईओ कहलाता है और जीईओ भूस्थिरीय कक्ष कहलाता है। पेरिजी यानि कक्ष का पृथ्वी से निकटतम भाग और अपोजी यानि कक्ष का सबसे दूर का भाग होता है।

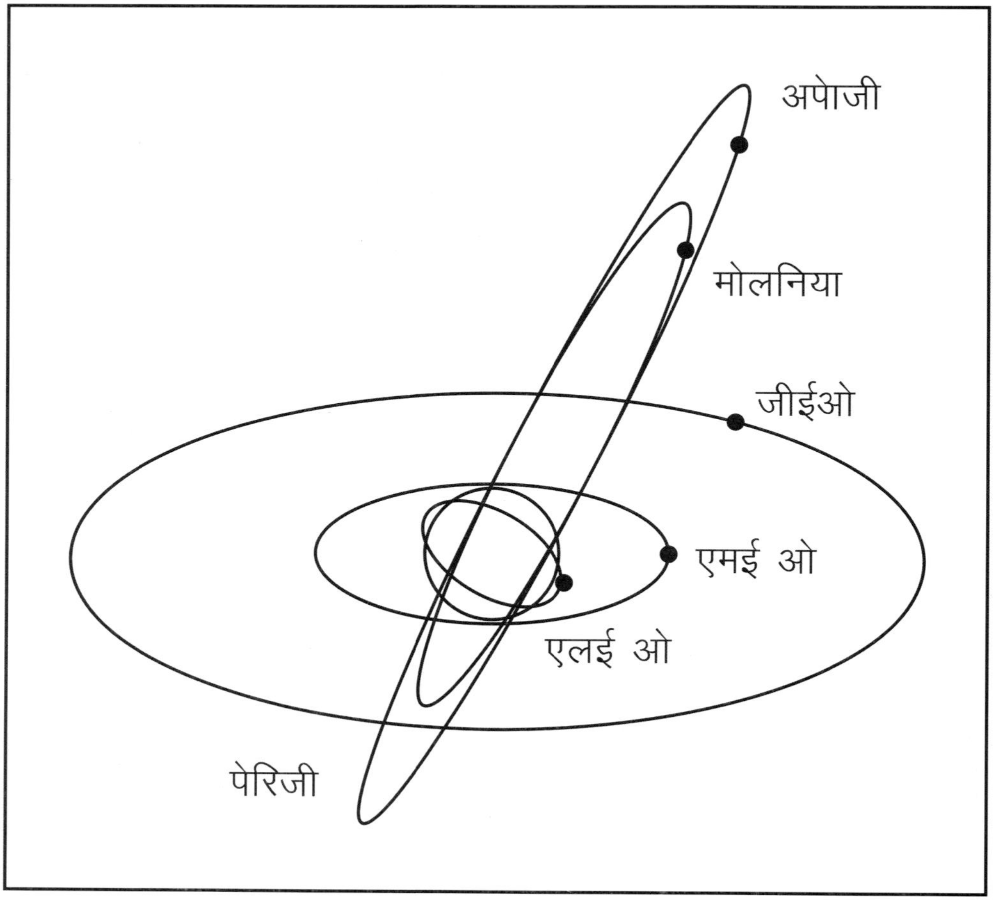


**चित्र-6.4: कक्ष के प्रकार**

**सूरजः** पर भू स्थिरीय उपग्रह तो बहुत सारे हैं, फिर सारे भूमध्य रेखा पर कैसे आ जाते हैं?

**साकेत:** भूमध्य रेखा पर सभी उपग्रहों को एक दूसरे से दूर रखना पड़ता है ताकि रेडियो आवृत्ति का हस्तक्षेप न हो। इसका अर्थ यह है कि बहुत ही कम संख्या में स्थान उपलब्ध हैं। इसके कारण सभी देशों के बीच एक संघर्ष रहता है, खास तौर पर उन देशों के बीच जिनके देशांतर समान हैं पर अक्षांश भिन्न-भिन्न हैं। अंतरराष्ट्रीय दूरसंचार संघ इन विवादों को आबंटन के जरिये से निपटाता है।

**रिमझिम:** इन उपग्रहों को कैसे छोड़ा जाता है? हमें गोपाल अंकल ने तिरुवनन्तपुरम में प्रक्षेपण यान के बारे में बताया था। उन्होने बताया था कि जी.एस.एल.वी. से ये उपग्रह छोड़े जाते हैं।

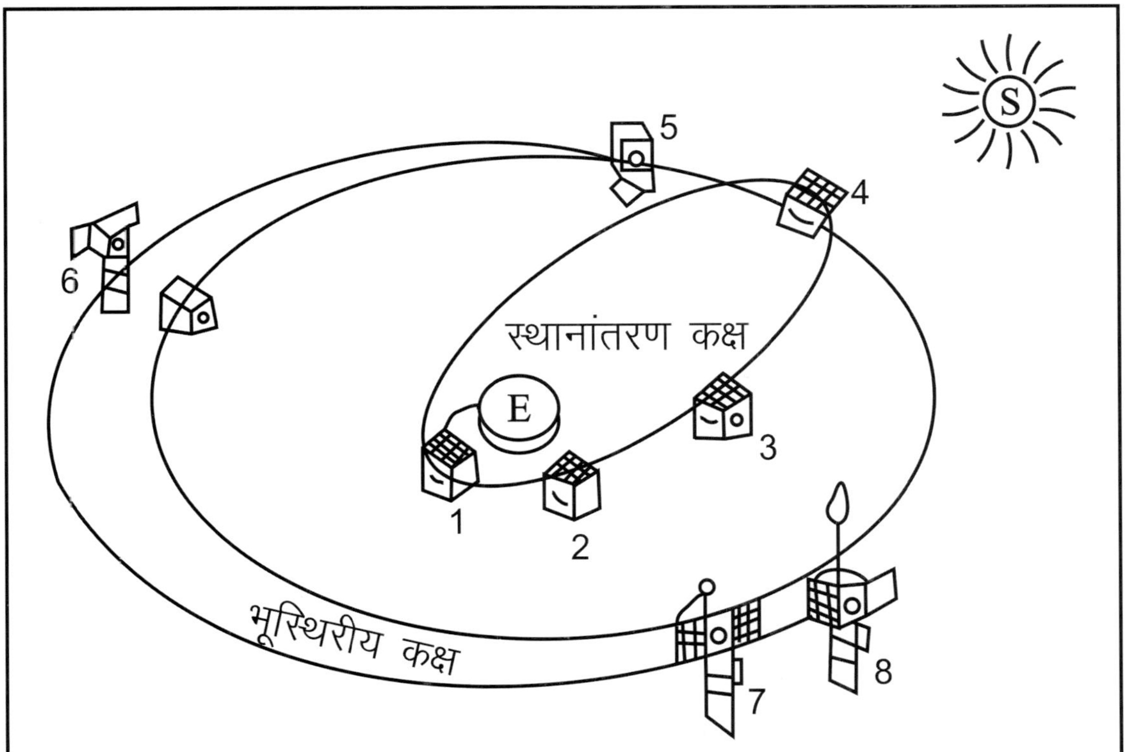


**चित्र-6.5: उपग्रह प्रक्षेपण की प्रक्रिया**

**नयना:** आओ इस चित्र में देखो। ये पृथ्वी से प्रक्षेपण यान उपग्रह को अंतरण कक्ष में छोड़ता है (1)। छोडने के बाद इसका पहला काम होता है सूर्य, ध्रुव तारे और पृथ्वी की स्थिति का पता लगाना (2)। इन तीन स्थानों की स्थिति का पता चलने के साथ ही उपग्रह की स्थिति पता चल जाती है। हासन स्थित केंद्र में उपग्रह से संकेत मिलने प्रारम्भ हो जाते हैं (3)। फिर एक अपोजी मोटर चलाते हैं (4)। इसके बाद सौर्य पट्टिका खोली जाती है (5)। फिर ऐंटेना (6), सौर सेल और बूम (7) खुल जाते हैं। अंत में उपग्रह अपने कक्ष में पहुँच कर कार्यरत (8) हो जाता है।

**साकेत:** भारत का पहला भू स्थिरीय उपग्रह एपल (एरियन यात्री पेलोड प्रयोग) था जिसमें सी बैंड के ट्रांसपोंडर लगे थे। इसे वर्ष 1981 में फ्रेंच गुयाना से प्रक्षेपित किया गया था। इसका भार 670 किलो था और इसे 102 डिग्री पूर्व देशांतर (इंडोनेशिया के ऊपर) पर स्थापित किया गया था।

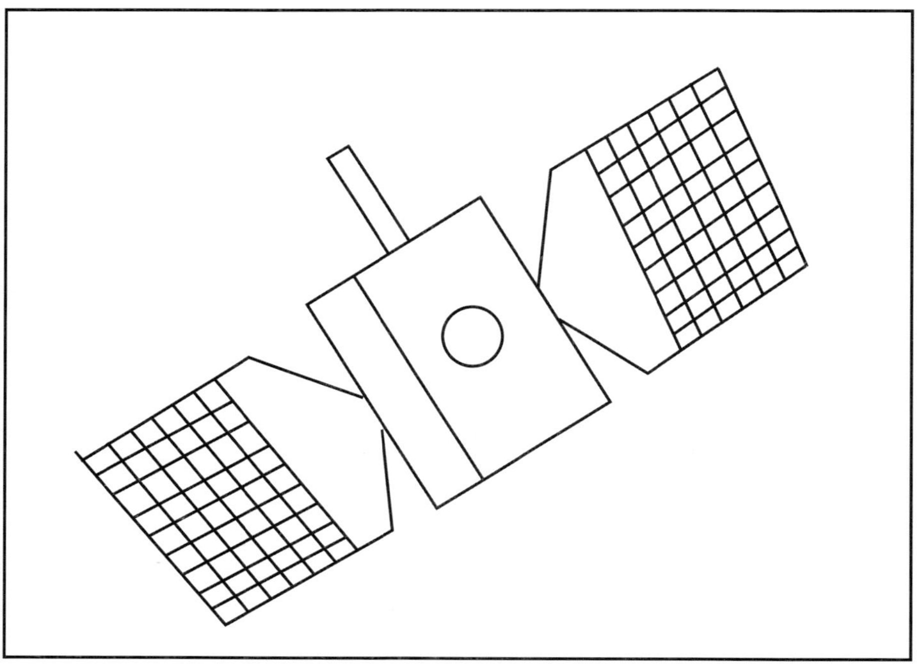

**चित्र-6.6: एपल उपग्रह**

**रिमझिमः** साकेत भैया, इन्सैट उपग्रहों की तो लंबी श्रृंखला थी।

**साकेतः** इन्सैट उपग्रहों की तो चौथी पीढ़ी चल रही है। भारतीय राष्ट्रीय उपग्रह प्रणाली (इन्सैट), बहुउद्देशीय भू-स्थिर उपग्रहों की अंतरिक्ष विभाग द्वारा प्रक्षेपित श्रृंखला है जो दूरसंचार, मौसम, प्रसारण और खोज/बचाव के लिए काम में आती है। इस श्रृंखला का पहला उपग्रह 1982 में प्रक्षेपित किया गया था परंतु उसका कार्य काल पूरा नहीं हो सका। 1983 में इन्सैट-1बी का प्रक्षेपण हुआ जिसके साथ यह प्रणाली स्थापित हुई । अभी तक प्रक्षेपित 24 उपग्रहों में से आज भी 10 कार्यरत हैं। इन्सैट श्रृंखला का उपग्रह INSAT 4B वर्ष 2010 में प्रक्षेपित किया गया था। जीसैट-8 को 2011 में, जीसैट-10 को 2012 में, जीसैट-7 को 2013 में प्रक्षेपित किया गया। जी.एस.एल.वी. द्वारा जीसैट-14 का सफल प्रक्षेपण 2014 में श्रीहरिकोटा से किया गया। जीसैट-16 को दिसंबर 2014 में फ्रेंच गयाना से, जीसैट-6 और जीसैट-15 को 2015 में श्रीहरिकोटा से छोड़ा गया।

**नीताः** भू स्थिरीय उपग्रह तो बहुउद्देशीय उपग्रह होते हैं। इन्सैट के भी कई उपयोग होंगे?

**नयनाः** साकेत, अब तुम जाकर मॉडल बनाने का कार्य करो। मैं समझाती हूँ इन बच्चों को। हाँ तो नीता, साकेत ने अभी बताया न कि दूरसंचार, मौसम, प्रसारण और खोज/बचाव के लिए इन्सैट उपग्रह प्रयोग में लाये जाते हैं। दूरस्थ चिकित्सा यानि टेलीमेडिसिन, सामाजिक लाभ के लिए चलाया जाने वाला अंतरिक्ष प्रौद्योगिकी का अनूठा अनुप्रयोग है। इसका प्रारम्भ 2001 में दूर दराज के गाँवों को शहरी चिकित्सा से जोड़ने के उद्देश्य के साथ हुआ था। इसके द्वारा जम्मू-कश्मीर, लद्दाख, अंडमान-निकोबार द्वीप समूह, लक्षदीप और उत्तर-पूर्वी राज्य जुड़े। केरल, कर्नाटक, छत्तीसगढ़, पंजाब, पश्चिम बंगाल, उड़ीसा, आंध्र प्रदेश, महाराष्ट्र, झारखंड और राजस्थान के कई आदिवासी जिलों ने इस कार्यक्रम के अंतर्गत शहरी चिकित्सा पायी। इसके अंतर्गत 384 अस्पताल और 60 विशिष्ट अस्पतालों को 306 सुदूर केन्द्रों और 18 चलित केंद्रों के साथ जोड़ा गया। पहले ये सारे जीसैट-3 उपग्रह से जुड़े थे,

जिसे एडुसैट के नाम से जाना जाता है। इन्हें स्कूल से कॉलेज तक की सुदूर शिक्षा के लिए प्रक्षेपित किया गया था। इसका प्रक्षेपण वर्ष 2004 में हुआ था। यह 74 डिग्री पर मेटसैट (कल्पना) और इन्सैट-3सी के साथ सह-स्थित है। वर्तमान में यह सुविधा जीसैट-12 द्वारा मिल रही है। दूरस्थ चिकित्सा के साथ-साथ, दूरस्थ शिक्षा भी जीसैट-12 द्वारा संचालित हो रही है।

**सूरजः** ये तो बहुत अच्छे काम हैं। और भी कुछ उपयोग हैं क्या बुआ?

**नयनाः** अरे अभी तो बहुत हैं। एक महत्वपूर्ण अनुप्रयोग है ग्राम संसाधन केंद्र (वीआरसी) जो इसरो ने गाँवों को उपग्रह आधारित सेवाएँ देने के लिए गैर सरकारी संगठनों के साथ मिलकर प्रारम्भ किया। इस समय 22 राज्यों और केंद्र शासित प्रदेशों में 461 ग्राम संसाधन केंद्र स्थापित किए गए हैं जिनमें 81 विशेषज्ञ केंद्र भी शामिल हैं। इन ग्राम संसाधन केन्द्रों में जीवन यापन में सहायता के लिए कृषि/बागवानी विकास, मत्स्य उद्योग विकास, पशुपालन विकास, जल संसाधन, दूर स्वास्थ्यरक्षा, जागरूकता कार्यक्रम, महिला सशक्तिकरण, अनुपूरक शिक्षा, कंप्यूटर साक्षरता, लघु ऋण, लघु वित्त व्यवस्था, शिल्प विकास, व्यावसायिक प्रशिक्षण आदि के बारे में जानकारी दी जाती है।

**सूरजः** बुआ, उपग्रह से खोज और बचाव कैसे होता है?

**नयनाः** किसी संकट के आने पर चेतावनी देना और संकट के स्थान के बारे में सूचना देने वाले अंतरराष्ट्रीय कार्यक्रम COSPAS-SARSAT का भारत सदस्य है जिसमें पृथ्वी से कम ऊंचाई वाले कक्ष में उपग्रह द्वारा खोज और बचाव की सेवा प्रदान की जाती है। इसके अंतर्गत लखनऊ और बेंगलुरु में दो स्थानीय उपभोक्ता टर्मिनल स्थापित किए गए हैं जो पिछले 23 वर्षों से कार्य कर रहे हैं। इन्सैट -3ए और इन्सैट-3डी जो 93.5 डिग्री और 82 डिग्री अक्षांश पर स्थित हैं, खोज और बचाव के 406 MHz नीतभार से सुसज्जित हैं। ये समुद्र, विमान और भूमि कहीं से भी होने वाले संकट के संकेतों को लेकर, निकट के केंद्र में चेतावनी संकेत भेज देते हैं ताकि समय पर सहायता प्रदान की जा सके। भारत के स्थानीय उपभोक्ता टर्मिनल हिन्द महासागर क्षेत्र

में बांग्लादेश, भूटान, मालदीव, नेपाल, सेशेल्स, श्रीलंका और तंजानिया को सेवाएं देते हैं। जो भी जहाज, हवाई जहाज या अन्य साधन इस सुविधा का लाभ लेना चाहते हैं वे 406 MHz का रेडियो संकेत दीप या बीकन खरीद कर मुसीबत के समय उसका ट्रांसमीटर चालू कर सकते हैं। वर्ष 2013 में भारत ने 14 घटनाओं में तुरंत सहायता प्रदान की और 94 जीवन बचाने में सहयोग दिया।

**रिमझिमः** बुआ, अभी कुछ दिन पहले मैंने टीवी पर देखा था कि इसरो ने एक उपग्रह प्रक्षेपित किया जिसका नाम नाविक है। ये कौन सा उपग्रह है?

**नयनाः** तुम बहुत ध्यान से टीवी देखती हो रिमझिम। नाविक शब्द का पूरा मतलब है भारतीय उपग्रह समूह के साथ नौवहन (NAVIC)। यह नाम दिया है भारतीय क्षेत्रीय नौवहन उपग्रह प्रणाली या आई.आर.एन.एस.एस. जो उपग्रह आधारित वाणिज्यिक और सामरिक अनुप्रयोग के लिए उभरती प्रणाली है। नागरिक उड्डयन विभाग को उपग्रह आधारित नौवहन सेवा प्रदान करने और स्थान तथा स्थिति की उभरती हुई  नागरिक मांग को पूरा करने के लिए इसरो प्रतिबद्ध है। यह भारत और आसपास के 1500 कि.मी. के क्षेत्र में सटीक वास्तविक समय और स्थिति की सेवाएँ प्रदान करेगा। इस प्रणाली में कुल सात उपग्रह हैं जिसमें से 3 उपग्रह भू स्थिर अंतरण कक्ष (जी.टी.ओ.) में और चार भू समकालिक कक्ष (जी.एस.ओ.) में तैनात रहेंगे। इस सारणी में इस श्रृंखला के उपग्रहों की जानकारी दी गयी है।

## सारणी-6.1: आई.आर.एन.एस.एस. श्रृंखला के उपग्रह और उनका प्रक्षेपण

| उपग्रह | प्रक्षेपण तिथि | प्रक्षेपण यान पी.एस. एल.वी. | कक्ष |
|---|---|---|---|
| आई.आर.एन.एस.एस.-1ए | 01.07.2013 | -सी22 | जी.एस.ओ. |
| आई.आर.एन.एस.एस.-1बी | 04.04.2014 | -सी24 | जी.एस.ओ. |
| आई.आर.एन.एस.एस.-1सी | 10.11.2014 | -सी26 | जी.टी.ओ. |
| आई.आर.एन.एस.एस.-1डी | 28.03.2015 | -सी27 | जी.एस.ओ. |

| उपग्रह | प्रक्षेपण तिथि | प्रक्षेपण यान पी.एस. एल.वी. | कक्ष |
|---|---|---|---|
| आई.आर.एन.एस.एस.–1ई | 20.01.2016 | –सी31 | जी.एस.ओ. |
| आई.आर.एन.एस.एस.–1एफ | 10.03.2016 | –सी32 | जी.एस.ओ. |
| आई.आर.एन.एस.एस.–1जी | 28.04.2016 | –सी33 | जी.टी.ओ. |
| आई.आर.एन.एस.एस.–1एच | 31.08.2017 | –सी39 | असफल |
| आई.आर.एन.एस.एस.–1आई | 12.04.2018 | –सी41 | जी.एस.ओ. |

तुम देख ही रही होगी कि इस सारणी में 8 उपग्रह हैं। आई.आर.एन.एस.एस.–1ए की परमाणु घड़ी खराब होने के कारण उसका उपयोग नहीं कर सकते। इस उपग्रह का स्थान लेने के लिए आई.आर.एन.एस.एस.–1आई छोड़ा गया। इसके उपग्रहों का विन्यास इस प्रकार है।

**बंटी:** पापा रोज न्यूज से मौसम की जानकारी लेते हैं। क्या उसमें भी उपग्रह से प्राप्त चित्र दिखाते हैं।

**नयना:** हाँ बंटी। मौसम की जानकारी देना यह भू स्थिर उपग्रहों का मुख्य उद्देश्य है। इन्सैट श्रृंखला का उपग्रह इन्सैट–3डी मौसम की जानकारी देने वाला विकसित मौसम उपग्रह है, जिसमें उन्नत चित्र लेने वाले संवेदक लगे हैं। मौसम की भविष्यवाणी, आपदा की चेतावनी एवं तापमान और आद्रता के खड़े प्रोफाइल के लिए इसका प्रयोग किया जाता है। मौसम से संबंधित जानकारी देने वाला पहला भारतीय उपग्रह मेट सैट–1 था जिसे फरवरी 2003 में प्रक्षेपित किया गया था। इस उपग्रह का नाम बाद में बदल कर कल्पना रख दिया गया। जानते हैं क्यों?

**रिमझिम:** बुआ, यह भारतीय मूल की अंतरिक्ष यात्री कल्पना चावला के नाम पर तो नहीं रखा गया?

**नयनाः** उन्हीं के नाम पर ही रखा गया। तुम्हें पता होगा कि 1 फरवरी 2003 को अमेरिका के अंतरिक्ष शटल कोलम्बिया की आपदा में कल्पना चावला का निधन हो गया था। उन्हीं को श्रद्धांजलि देने के लिए, उनकी याद में उपग्रह का नाम कल्पना रखा गया।

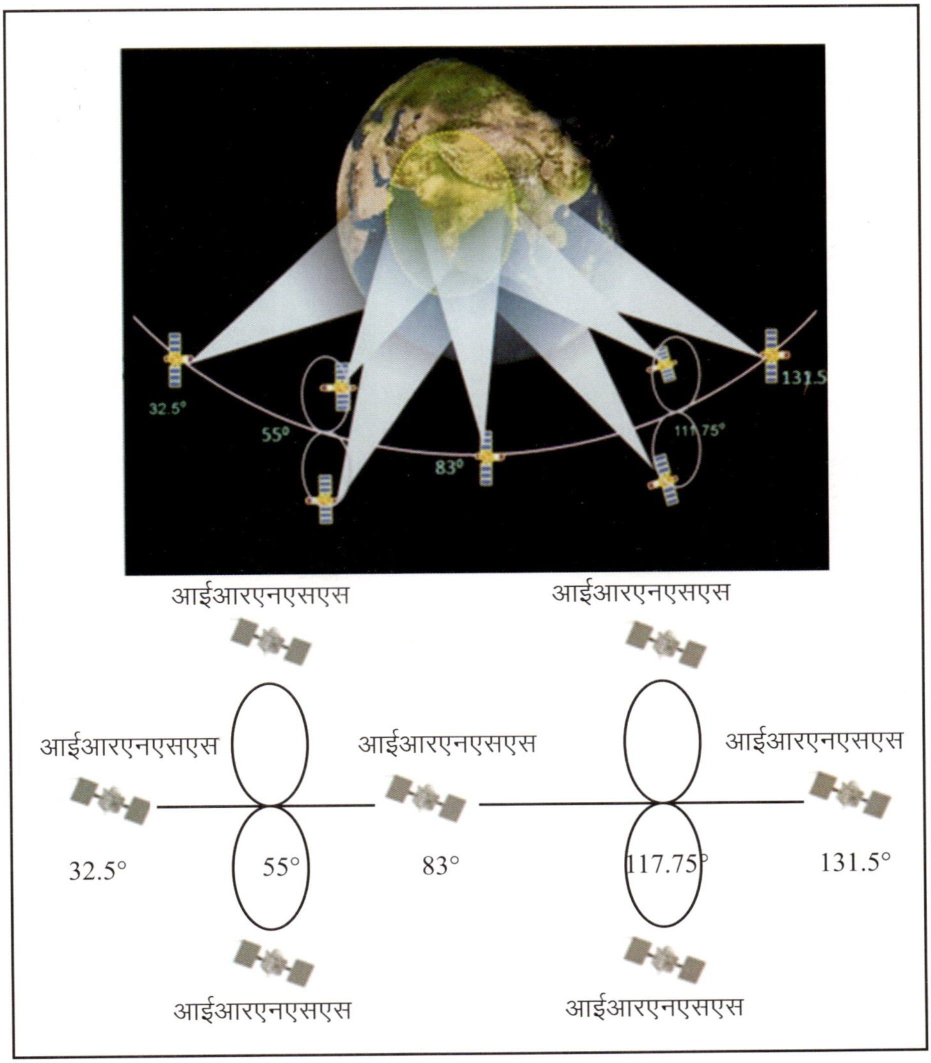


**चित्र-6.7: आई.आर.एन.एस.एस. उपग्रहों का विन्यास**

प्रिया तुम्हारा काम कितना हुआ? मैं देखती हूँ दोनों टीम का काम कहाँ तक पहुँचा। तुम तब तक यहाँ बैठो और इन बच्चों को ध्रुवीय उपग्रहों के बारे में बताओ।

**चित्र-6.8: 10 जून 2018 को लिया इन्सैट उपग्रह का चित्र जो पूरे दक्षिण, मध्य और पूर्व भारत में बादलों की स्थिति दर्शा रहा है।**
https://www.skymetweather.com

**प्रियाः** जरूर मैडम। हम ने मॉडल को बराबर आकार में काट लिया है। सलोनी तब तक उन पर डिजाइन बना देगी। मैं इनको ध्रुवीय कक्ष और उपग्रहों के बारे में बताती हूँ। ध्रुवीय कक्ष वह पथ है जिसमें उपग्रह ठीक ध्रुवों से या उसके बहुत करीब से होकर गुजरते हैं। इसलिए इनका भूमध्यरेखा से 90 डिग्री का (या 90 के बहुत करीब) कोण होता है। अपने हर कक्ष में यह पृथ्वी के अलग अलग भाग के ऊपर

से गुजरता है। इसके अलावा, सूर्य समकालिक कक्ष है जिसमें उपग्रह द्वारा किसी भी स्थान को देखने का स्थानीय समय हमेशा एक ही रहता है। यानि यदि किसी अक्षांश पर 10:30 पर अवलोकन होता है तो सभी अक्षांशो पर जब अवलोकन होगा तब वहाँ का स्थानीय समय 10:30 ही होगा।

**नीताः** ऐसा क्यों करते हैं प्रिया दीदी?

**प्रियाः** ऐसा करने से एक लाभ होता है। ये जो उपग्रह हैं ये पृथ्वी के प्राकृतिक संसाधनों के अवलोकन में काम में लाये जाते हैं। यदि अवलोकन के समय सूरज की स्थिति भिन्न-भिन्न हो तो अवलोकित बिंब अलग-अलग दिखेंगे, जिसके कारण उनके अध्ययन में परेशानी होगी। सूर्य समकालिक कक्ष में घूमने वाले उपग्रह साधारणतया 600-800 कि.मी. की ऊंचाई पर होते हैं। ये ध्रुव से न गुजरकर उससे करीबन 7-8 डिग्री का कोण बनाते हैं ताकि सूर्य समकालिकता पा सके।

**सूरजः** सभी उपग्रह एक ही कक्ष में क्यों नहीं घूमते? अलग अलग क्यों?

**प्रियाः** हर उपग्रह का एक अलग उदेश्य होता है जिसको पूरा करने के लिए वे प्रक्षेपित किए जाते हैं। ध्रुवीय कक्ष की विशेषता इसका किसी एक स्थान को नियत स्थानीय समय पर देखना है परंतु इसके कारण कुछ परेशानियाँ भी हैं। इसके द्वारा कोई भी स्थान सतत नहीं देखा जा सकता। एक नियमित अंतराल के बाद उपग्रह पुनः उसी स्थान को देखता है। इनकी ऊंचाई कम होने के कारण वायुमंडलीय घर्षण से इनका कक्ष प्रभावित होता है। कक्ष को ठीक करने के लिए ईंधन लगता है और फलस्वरूप इनका जीवन काल कम होता है। यदि उपग्रह प्रक्षेपण का उद्देश्य किसी एक स्थान को हमेशा देखना है तो भू स्थिर उपग्रह भेजेंगे। सुदूर संवेदन के उपग्रह ध्रुवीय कक्ष में होते हैं।

**रिमझिमः** प्रिया दीदी, सुदूर संवेदन क्या है और भारत के सुदूर संवेदन के उपग्रह कौन से हैं?

**प्रियाः** सुदूर संवेदन यानि दूर से किया जाने वाला संवेदन। किसी स्थान, वस्तु या घटना के बारे में बिना हाथ लगाए दूर से जानकारी प्राप्त करना सुदूर संवेदन है। भारत का पहला स्वदेशी सुदूर संवेदन उपग्रह आई.आर.एस.-1ए था जिसे मार्च 1988 में सोवियत कोस्मोड्रोम बैकानूर से सूर्य समकालिक कक्ष में प्रमोचित किया गया था। इसमें दो संवेदक लिस-I और लिस-II लगे थे, जिनकी विभेदन क्षमता क्रमशः 73 मीटर और 36.25 मीटर थी। अपने हर चक्कर में यह 140 कि.मी. की चौड़ाई में चित्र लेता था।

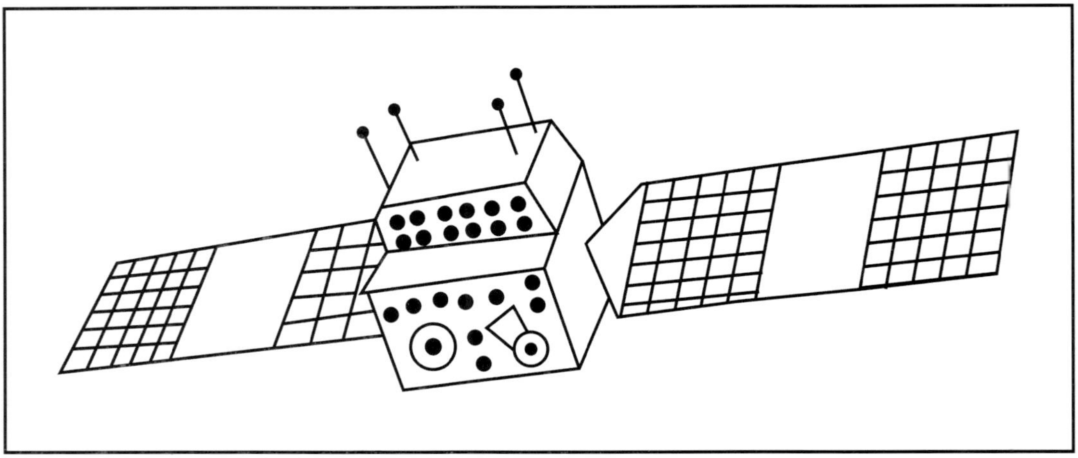

**चित्र-6.9: आई. आर. एस. उपग्रह**

यह हर स्थान पर वापस 22 दिन के बाद आता था। 8 वर्ष कार्य करने के बाद यह मिशन समाप्त हो गया। आई.आर.एस.-1ए के बाद आई.आर.एस.-1बी वर्ष 1991 में छोड़ा गया जिसने 12 वर्षों तक कार्य किया।

आई.आर.एस.-1सी भारत का दूसरी पीढ़ी का सुदूर संवेदन उपग्रह था। इसमें बेहतर विभेदन क्षमता वाले संवेदक लगे थे। इसके संवेदकों में करीबन 6 मीटर से कम विभेदन क्षमता वाला पैन और 23.5 मीटर वाले लिस-III संवेदक लगे थे। इसके अलावा, इसमें एक एविफ्स संवेदक था जो 189 मीटर विभेदन क्षमता के साथ क्षेत्रीय योजनाएँ बनाने के लिए भेजा गया था। इसे 1995 में छोड़ा गया था और अपने पूर्व

उपग्रहों की तरह इस उपग्रह ने भी करीबन 12 वर्ष काम किया। वर्ष 1997 में आई.आर.एस.-1डी का प्रक्षेपण हुआ जिसमें आई.आर.एस.-1सी जैसे संवेदक लगे थे।

ध्रुवीय उपग्रहों की अगली श्रृंखला में आई.आर.एस.-पी6 उपग्रह था जिसका उद्देश्य अधिक गुणवत्ता वाले चित्र प्रदान करना था। इसे रिसोर्ससैट उपग्रह भी कहा जाता है। यह वर्ष 2003 में प्रक्षेपित हुआ था। इसके नीतभार का विवरण इस तालिका में दिया हुआ है।

**नीता:** क्या समुद्र का अध्ययन सुदूर संवेदन द्वारा संभव है?

**नयना:** हाँ नीता। प्रिया तुम जाओ, आगे का मॉडल बनाओ। मैं समझाती हूँ इनको। समुद्र के अध्ययन के लिए इसरो ने आई.आर.एस.-पी4 उपग्रह 1999 में प्रक्षेपित किया था, जिसका दूसरा नाम ओशनसैट भी है। इसके नीतभार में ओशन कलर मॉनीटर और रेडियोमीटर है जो समुद्र के अध्ययन में काम आता है। ओशन कलर मॉनीटर क्लोरोफिल की सांद्रता, फायटोप्लांकटन और वायुमंडलीय एरोसोल के अध्ययन में काम आता है।

**सारणी-6.2: रिसोर्ससैट उपग्रह के नीतभार का विवरण**

| संवेदक | बैंड | तरंग दैर्ध्य माइक्रो मीटर में | विभेदन क्षमता (मीटर में) | पुनरावृत्ति |
|---|---|---|---|---|
| लिस IV | बी2 | 0.52-0.59 | 5.8 | 5 दिन |
| | बी3 | 0.62-0.68 | 5.8 | 5 दिन |
| | बी4 | 0.77-0.86 | 5.8 | 5 दिन |
| लिस III | बी2 | 0.52-0.59 | 23.5 | 24 दिन |
| | बी3 | 0.62-0.68 | 23.5 | 24 दिन |

| संवेदक | बैंड | तरंग दैर्ध्य माइक्रो मीटर में | विभेदन क्षमता (मीटर में) | पुनरावृत्ति |
|---|---|---|---|---|
| | बी4 | 0.77–0.86 | 23.5 | 24 दिन |
| | बी5 | 1.55–1.70 | 23.5 | 24 दिन |
| एविफ्स | बी2 | 0.52–0.59 | 56 | 5 दिन |
| | बी3 | 0.62–0.68 | 56 | 5 दिन |
| | बी4 | 0.77–0.86 | 56 | 5 दिन |
| | बी5 | 1.55–1.70 | 56 | 5 दिन |

रेडियोमीटर द्वारा समुद्री सतह तापमान, हवा की गति और बादलों में पानी की मात्रा का पता लगाया जा सकता है। वर्ष 2009 में पी.एस.एल.वी.–सी14 से ओशनसैट–2 उपग्रह का प्रक्षेपण किया गया। इस उपग्रह के साथ 6 नैनो उपग्रह भी छोड़े गए थे। पी.एस.एल.वी.–सी35 से 26 सितंबर, 2016 को स्केटसैट उपग्रह का प्रक्षेपण किया गया। इस उपग्रह के आंकड़ों का उपयोग मौसम भविष्यवाणी और चक्रवात का पता लगाने में किया जाता है। इसके द्वारा बर्फ के गलने और जमने की स्थिति का अध्ययन भी किया जाता है।

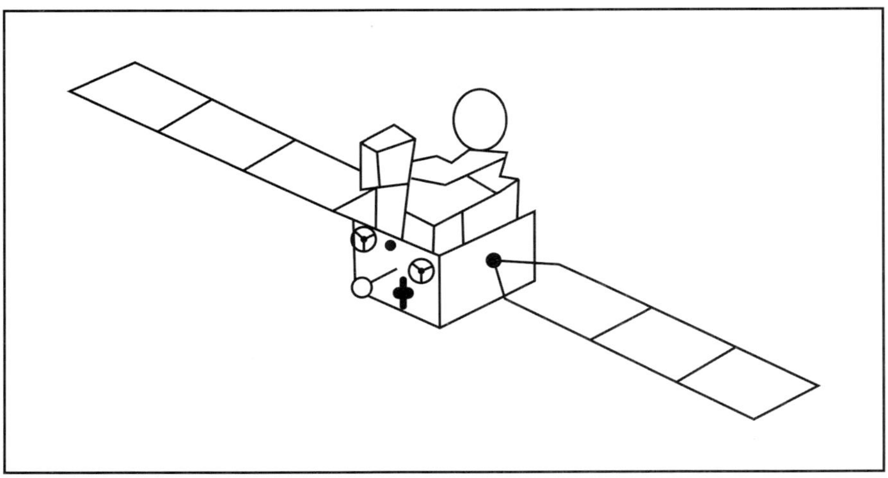

**चित्र–6.10: ओशनसैट उपग्रह**

**रिमझिमः** बुआ, कल पापा बता रहे थे, कि शहरों के अध्ययन में भी उपग्रह का उपयोग होता है। ये कौनसे उपग्रह हैं?

**नयनाः** कार्टोसैट उपग्रह शृंखला उच्च विभेदन क्षमता वाले चित्र प्रदान करती है। इसके द्वारा शहरों और गावों के नक्शे बनाए जाते हैं। अभी तक इसरो ने इस शृंखला के कुल 8 उपग्रह प्रक्षेपित किए हैं। इसके द्वारा त्रि-आयामी चित्र भी ले सकते हैं। इसरो ने पहला कार्टोसैट उपग्रह मई 2005 में छोड़ा। इससे प्राप्त चित्र, मानचित्र कला संबंधी अनुप्रयोगों की वैश्विक जरूरतों को पूरा करने में काम आ रहे हैं। इसकी विभेदन क्षमता 2.5 मीटर थी। इसका पहला संवेदक आगे की दिशा में 26 डिग्री तक और दूसरा संवेदक पीछे की दिशा में −5 डिग्री तक देख कर त्रि-आयामी चित्र लेने की क्षमता रखता था। दोनों संवेदक के चित्र लेने के समय में केवल 52 सेकेंड का अंतर था। कार्टोसैट-2 से एक मीटर से कम विभेदन क्षमता वाले चित्र लिए जा सकते हैं। यह उपग्रह 2007 में छोड़ा गया था। कार्टोसैट-2एस की विभेदन क्षमता 1 मीटर से भी कम है, और ये शहरी और ग्रामीण विकास प्रबंधन तथा भौगोलिक सूचना प्रणाली के काम में आता है।

### सारणी-6.3: कार्टोसैट उपग्रह की जानकारी

| क्रमांक | उपग्रह | प्रक्षेपण यान | दिनांक | नीत भार |
|---|---|---|---|---|
| 1. | कार्टोसैट-1 | पी.एस.एल.वी. -सी-C6 | 5 मई 2005 | 2.5 मी × 2 |
| 2. | कार्टोसैट-2 | पी.एस.एल.वी. -सी-C7 | 10 जनवरी 2007 | < 1 मी |
| 3. | कार्टोसैट-2 एस | पी.एस.एल.वी. -सी-C9 | 28 अप्रैल 2008 | < 1 मी |
| 4. | कार्टोसैट-2 एस | पी.एस.एल.वी. -सी-C15 | 12 जुलाई 2010 | < 1 मी |

| क्रमांक | उपग्रह | प्रक्षेपण यान | दिनांक | नीत भार |
|---|---|---|---|---|
| 5. | कार्टोसैट-2 एस | पी.एस.एल.वी. -सी-C34 | 22 जून 2016 | < 1 मी |
| 6. | कार्टोसैट-2 एस | पी.एस.एल.वी. -सी-C37 | 15 फरवरी 2017 | < 1 मी |
| 7. | कार्टोसैट-2 एस | पी.एस.एल.वी. -सी-C38 | 23 जून 2017 | 0.65 मी |
| 8. | कार्टोसैट-2 एस | पी.एस.एल.वी. -सी40 | 12 जनवरी 2018 | 0.65 मी |

**रिमझिमः** बुआ, गोपाल अंकल ने छात्र उपग्रह के बारे में भी कुछ कहा था? ये क्या हैं? क्या इन्हें छात्रों ने बनाया है? आप इनके बारे में जानती हैं?

**नयनाः** छात्र उपग्रह या स्टूडेंट उपग्रह, विभिन्न कॉलेज या विश्वविद्यालय के छात्रों द्वारा बनाए उपग्रह हैं। मेरे छात्रों को बताने के लिए मैं जानकारी लिख कर लाई हूँ। ये देखो इस सारणी में दिया हुआ है।

### सारणी-6.4: विश्वविद्यालय / शैक्षिक संस्थान द्वारा बनाए गए उपग्रह

| क्रमांक | उपग्रह | प्रक्षेपण दिनांक | प्रक्षेपण यान | कॉलेज | वजन KG |
|---|---|---|---|---|---|
| 1. | एएनयू सैट | 20 अप्रैल 2009 | सी-12 | अन्ना युनिवर्सिटी | 40 |
| 2. | एसटीयूडी सैट | 12 जुलाई 2010 | सी-15 | | <1 |
| 3. | एसआरएम सैट | 12 ओक्टोबर 2011 | सी-18 | एसआरएम युनिवर्सिटी | 10.9 |
| 4. | जुगनू | 12 ओक्टोबर 2011 | सी-18 | आईआईटी कानपुर | 3 |

| क्रमांक | उपग्रह | प्रक्षेपण दिनांक | प्रक्षेपण यान | कॉलेज | वजन KG |
|---|---|---|---|---|---|
| 5. | सत्यभामा सैट | 22 जून 2016 | सी–34 | सत्यभामा युनिवर्सिटी | 1.5 |
| 6. | स्वयं | 22 जून 2016 | सी–34 | कॉलेज ऑफ इंजीन्यरिंग, पुणे | 1 |
| 7. | पीआई सैट | 26 सितंबर 2016 | सी–35 | पीईएस युनिवर्सिटी | 5.25 |
| 8. | प्रथम | 26 सितंबर 2016 | सी–35 | आईआईटी, बॉम्बे | 10 |
| 9. | एनआईयू सैट | 23 जून 2017 | सी–38 | नूरुल इस्लाम युनिवर्सिटी | 15 |

**नीता:** ये उपग्रह किस उद्देश्य से बनाए गए थे?

**नयना:** विद्यार्थियों में उपग्रह तकनीक के बारे में जानकारी बढ़ाने के लिए इसरो ने कई कॉलेज / शैक्षिक संस्थानों के साथ मिलकर ये उपग्रह बनाए। इन सभी का अलग अलग उद्देश्य था। एएनयू सैट का उद्देश्य संकेत भंडारण और आगे भेजना था। एसटीयूडी सैट कर्नाटक और आंध्रप्रदेश के 7 कॉलेज द्वारा मिल कर बनाया गया पहला पिको – उपग्रह था। इसका प्राथमिक उद्देश्य शैक्षणिक संस्थानों में अंतरिक्ष प्रौद्योगिकी को बढ़ावा देना था। एसआरएम सैट में ग्रेटिंग स्पेक्टरोमिटर लगा था जो 900 – 1700 nm में कार्य करता था। इसका उद्देश्य कार्बन डाइ ऑक्साइड और जल वाष्प को मापना था। आईआईटी कानपुर द्वारा बनाए गए उपग्रह जुगनू के उद्देश्य इस प्रकार थे :

- स्वदेशी विकसित कैमरा सिस्टम द्वारा पृथ्वी का निकट अवरक्त क्षेत्र में चित्र लेना और उसका छवि प्रसंस्करण करना
- जीपीएस रिसीवर का उपग्रह नेविगेशन में उपयोग के लिए
- अंतरिक्ष में स्वदेशी विकसित एमईएमएस आधारित इनर्टियल मापन यूनिट (आईएमयू) का परीक्षण

पहले मैं तुम्हें इन छोटे छोटे उपग्रहों के चित्र भी दिखाती हूँ। ये देखो।

**चित्र-6.11: छात्रों द्वारा बनाए गए और इसरो द्वारा प्रक्षेपित उपग्रह**

1.5 किलोग्राम के सत्यभामा सैट का उद्देश्य भी ग्रीन हाउस गैस (जल वाष्प, कार्बन डाइ ऑक्साइड, कार्बन मोनो ऑक्साइड, मीथेन और हाइड्रोजन फ्लोराइड) से संबन्धित आंकड़े एकत्रित करना था। हैम समुदाय को पॉइंट टू पॉइंट मैसेजिंग सेवाएं प्रदान करना स्वयं उपग्रह का उद्देश्य था। इसी तरह से सुदूर संवेदन अनुप्रयोग के लिए एक नैनो उपग्रह पीआई सैट बनाया गया। आईआईटी बॉम्बे के उपग्रह प्रथम का उद्देश्य 1 किलोमीटर × 1 किलोमीटर ग्रिड में भारत और फ्रांस के ऊपर कुल इलेक्ट्रॉन गणना (टी.ई.सी.) का अनुमान लगाना था। 15 किलोग्राम वजन के एनआईयू सैट का उद्देश्य

कृषि फसल निगरानी और आपदा प्रबंधन समर्थन अनुप्रयोगों के लिए बहुआयामी इमेजरी प्रदान करना था।

तो रिमझिम, अब बहुत जानकारी ले ली तुम लोगों ने। अब मैं देखती हूँ कि मेरे मॉडल कहाँ तक आए। तो बंटी तुम बताओ, भू स्थिरीय मॉडल पृथ्वी का कैसे चक्कर लगाएगा।

**बंटी:** बुआ एक कविता में ही समझा देता हूँ आपको।

भू स्थिर उपग्रह घूमे, भूमध्य रेखा के चारों ओर,

पोलर उपग्रह ने काटे चक्कर, ध्रुव से ध्रुव की ओर ।

आर्यभट्ट से नाविक तक, छोड़े उपग्रह कई सारे,

जय है बुआ इसरो की, नये काम हर बार कर डाले

❑❑❑

*अध्याय 7*

# कुछ रोचक जानकारी

सबेरे से आज घर में हलचल मची थी। आज बंटी का जन्मदिन था। शाम को घर में बहुत सारे दोस्त आने वाले थे। न केवल बंटी के बल्कि रिमझिम के भी। बहुत सारे खेल थे पर एक खेल की बंटी, रिमझिम और उनके सारे दोस्त बेसब्री से प्रतीक्षा कर रहे थे। आज घर के सभी बड़ों को वहाँ रहना था और बच्चे उनसे प्रश्न पूछने वाले थे। मम्मी भी बचने वाली नहीं थी। प्रश्नों के उत्तर न दे पाने पर बच्चों ने उनसे सजा के तौर पर कुछ करवाने की ठानी थी। घर के बड़ों की सहायता के लिए नयना के कॉलेज के प्रोफेसर सिन्हा भी आने वाले थे। मम्मी की भुन-भुन चल रही थी क्योंकि उन्हें पार्टी की तैयारी भी करनी थी और प्रश्नों के तोप से भी बचना था।

शाम को केक काटने के बाद बच्चों ने थोड़ी देर मौज-मस्ती की। फिर सारे लोग घर की छत पर जमा हुए। भीनी-भीनी हवा चल रही थी। सबसे पहला प्रश्न मम्मी से ही पूछा गया।

**सूरजः** ममता आंटी, आपसे मैं पूछता हूँ पहला प्रश्न। पहली भारतीय मूल की अंतरिक्ष में जाने वाली महिला कौन थी?

**ममताः** कल्पना चावला। वे भारत में करनाल में जन्मी थी।

**सूरजः** बराबर आंटी। पर क्या आपको और जानकारी है उनके बारे में?

**चित्र-7.1: भारतीय मूल की पहली महिला अंतरिक्ष यात्री - कल्पना चावला**

**नयनाः** सूरज, मम्मी ने पहले प्रश्न का सही उत्तर दिया। बाकी जानकारी मैं देती हूँ। चंडीगढ़ के पंजाब इंजीनियरिंग कॉलेज से पढ़ाई पूर्ण करने के बाद उन्होंने कोलोराडो विश्वविद्यालय से ऐरो स्पेस इंजीनियरिंग में पीएचडी प्राप्त की। उसके बाद वे नासा में कार्य करने लगीं। वर्ष 1997 में उन्हें अंतरिक्ष में जाने का पहला मौका मिला जब वे स्पेस शटल कोलम्बिया एसटीएस-87 में अंतरिक्ष में गयीं। उसके बाद वर्ष 2003 में उन्हें दूसरी बार अंतरिक्ष में जाने का मौका मिला। 16 दिनों में कर्मी दल ने 80 से अधिक प्रयोग किए। अपनी वापसी की यात्रा में पृथ्वी के वायुमंडल में घुसते समय, गर्म गैसों ने विंग के सुरक्षा कवच को तोड़ दिया जिसमें से एक टुकड़ा प्रक्षेपण के

बाद निकल गया था। अस्थिर शटल में एक मिनट में ही दाब परिवर्तन हो गया जिससे चालक दल के सभी सदस्यों की मौत हो गयी। उसके बाद शटल के टुकड़े हो गए और यह टेक्सास के आस-पास गिर गया। शटल चैलेंजर की दुर्घटना के बाद यह दूसरी बड़ी दुर्घटना थी। इस दुर्घटना में हमने एक अच्छी भारतीय अंतरिक्ष यात्री को खो दिया और दुख की बात तो यह है कि सब टीवी पर आँखों देखा हाल देख रहे थे। उनका परिवार उत्सुकता से उनके आने की राह देख रहा था।

**नेहा:** नयना बुआ, अब मेरे एक प्रश्न का जवाब दीजिये। उन्होंने अंतरिक्ष में कितना समय बिताया?

**नयना:** कर दिया न क्लीन बोल्ड मुझे। समय तो मुझे ध्यान नहीं। सर आप ही सहायता कीजिये, नहीं तो ये बच्चे मुझे छोड़ेंगे नहीं।

**प्रोफेसर सिन्हा:** बच्चों मैं बताता हूँ। उन्होंने 30 दिन, 14 घंटे और 54 मिनट अंतरिक्ष में बिताए थे। तुमको एक बात और बताता हूँ। अपनी पहली अंतरिक्ष उड़ान के बाद उन्होंने कहा था "जब आप तारों और गैलेक्सी की ओर देखते हैं तब आपको महसूस होता है कि आप किसी एक स्थान से नहीं वरन पूरे सौर मण्डल से हैं।"

**रिमझिम:** बुआ जी यह गलत बात थी। बाद में आपको एक और प्रश्न का उत्तर देना पड़ेगा। दादा जी, अगला प्रश्न आपके लिए। भारत के पहले अंतरिक्ष यात्री कौन थे और उन्होंने क्या कहा था?

**दादा:** इस प्रश्न का उत्तर तो मैं दे सकता हूँ। भारत के पहले अंतरिक्ष यात्री विंग कमांडर राकेश शर्मा थे जो 1984 में सोयूज टी-11 से अंतरिक्ष में गए थे। उनका जन्म पटियाला, पंजाब में हुआ था और राष्ट्रीय रक्षा अकादमी से ट्रेनिंग लेकर वे भारतीय वायु सेना में शामिल हुए। भारत और रूस के साझा कार्यक्रम के अंतर्गत दो भारतीयों का अंतरिक्ष में जाने के लिए चयन हुआ था जिसमें राकेश शर्मा एक थे।

**चित्र-7.2: पहले भारतीय अंतरिक्ष यात्री - राकेश शर्मा**

राकेश शर्मा ने वहाँ जाने के पहले साल भर रूस में ट्रेनिंग ली। अंतरिक्ष से एक संयुक्त संवाददाता सम्मेलन में पूरे चालक दल ने बात की। तत्कालीन प्रधानमंत्री श्रीमती इन्दिरा गांधी द्वारा यह पूछे जाने पर कि अंतरिक्ष से भारत कैसा दिखता है, राकेश शर्मा ने कहा था 'सारे जहां से अच्छा"। उनके अंतरिक्ष में बिताए समय के बारे में प्रोफेसर सिन्हा ही बताएँगे।

**प्रोफेसर सिन्हा:** जरूर दादा जी। उन्होंने 7 दिन 21 घंटे और 40 मिनट अंतरिक्ष में बिताए थे। चलो बच्चों मैं एक प्रश्न तुम सब से पूछता हूँ। वे दूसरे भारतीय कौन थे जिनका चयन भी अंतरिक्ष में जाने के लिए हुआ था। यदि राकेश शर्मा नहीं जाते तो उन्हें अंतरिक्ष में जाने का मौका मिलता।

अब सकपकाने की बारी बच्चों की थी। तभी सूरज को ध्यान आया और वो जोर से चिल्लाया।

**सूरजः** रवीश मल्होत्रा। सही है न सिन्हा सर?

**प्रोफेसर सिन्हाः** बिल्कुल सही। विंग कमांडर रवीश मल्होत्रा ने भी वही सारी ट्रेनिंग ली थी जो राकेश शर्मा ने ली थी पर उनके भाग्य में अंतरिक्ष में जाना नहीं लिखा था।

अभी तक चुप बैठी सिमरन ने अगला प्रश्न दागा।

**सिमरनः** आप में से कोई भी इसका उत्तर दे सकता है। एस.आर.ई. क्या है?

**नयनाः** सिमरन, कम से कम पूरा नाम तो बोलो?

**सिमरनः** स्पेस कैप्सूल रिकवरी एक्सपरिमेंट

**नयनाः** ठीक है, मैं बताती हूँ। शायद जब हम उपग्रहों की बात कर रहे थे तब मैंने नहीं बताया। यह भारत का एक प्रायोगिक अंतरिक्ष यान है जिसने सूक्ष्म गुरुत्वाकर्षण की स्थिति में प्रयोगों का प्रदर्शन किया। यह एक 550 कि.ग्रा. वाला कैप्सूल है जिसको प्रयोग के बाद निचले कक्ष में लाकर वापस बरामद किया गया था। वायुमंडल में पुनः प्रवेश के दौरान नौवहन, मार्गदर्शन और नियंत्रण,पुनः उपयोग में लायी जाने वाली थर्मल सुरक्षा प्रणाली का विकास और कैप्सूल की गति मंद करके उसे तैराने जैसी कई प्रक्रियाओं का इसमें अध्ययन हुआ। जनवरी 2007 में इसे कार्टोसैट उपग्रह के साथ 635 कि.मी. के सूर्य समकालिक कक्ष में भेजा गया था और 10 दिन कक्ष में रहने के बाद यह सफलतापूर्वक पृथ्वी पर वापस आ गया। करीबन 100 कि. मी. ऊंचाई पर इसकी गति 8 कि.मी. प्रति सेकेंड थी जो 5 कि.मी. की ऊंचाई तक आते-आते वायुगतिकीय ब्रेक से घट कर 101 मीटर प्रति सेकेंड रह गयी। इसके बाद उसका पैराशूट खुला और 12 मीटर प्रति सेकेंड की गति से बंगाल की खाड़ी में छप से गिरा। इसमें लगी हुई प्रणाली ने ठीक तरह से कार्य किया जो इसको तैरता रखने के लिए लगाई गयी थी।

भारतीय तटरक्षक और भारतीय नौसेना ने इसको समुद्र से बरामद किया। इसे तिरुवनंतपुरम के अंतरिक्ष संग्रहालय में सभी के दर्शन के लिए रखा है।

तो सिमरन, अब खुश हो न इतनी जानकारी पाकर?

**सिमरनः** हाँ बुआ। आज तो हम सब ठान कर आए हैं। देखते हैं आप कब तक बचती हैं। किसी न किसी प्रश्न का उत्तर नहीं देने पर आज हम आपसे नृत्य करवाएँगे।

**चित्र-7.3: स्पेस कैप्सूल रिकवरी एक्सपरिमेंट**

**नयनाः** देखते हैं, हम भी बहुत तगड़े हैं। फिर प्रोफेसर सिन्हा भी हमारे साथ हैं।

**रिमझिमः** अब मेरी बारी है प्रश्न पूछने की। 'ऑफ कोर्स आई स्टिल लव यू' क्या है? और मेरा प्रश्न रमेश चाचा से है। कोई नहीं बताएगा उन्हें। उत्तर नहीं आने पर चाचा को डांस करना ही पड़ेगा।

**रमेशः** ये क्या प्रश्न है रिमझिम। आज तो अंतरिक्ष से संबंधित प्रश्न पूछे जाने वाले थे। मैं ऐसे प्रश्न का जवाब नहीं दूंगा।

भड़के हुए रमेश को देख कर सभी हंसने लगे। रिमझिम और बंटी की तो मानो मुराद ही पूरी हो गयी। रमेश बहुत अच्छा डांस करता है, इसलिए प्रश्न का उत्तर न आने पर रमेश को डांस करने के लिए कहा जाएगा यह सब बड़ों को भी पता था। प्रोफेसर सिन्हा 'मैं अभी आता हूँ' कह कर नीचे चले गए और नयना भी 'मम्मी की मदद करती हूँ' कह कर नीचे चली गयी। बच्चों ने गाना लगाया और खेल के नियम के अनुसार रमेश को डांस करना पड़ा। गाने की आवाज सुन कर प्रोफेसर और नयना दोनों ऊपर आ गए। थोड़ी देर के लिए माहौल एक दम बदल गया। गाना समाप्त होने के बाद जब सभी वापस बैठ गए तो प्रोफेसर सिन्हा ने रमेश से कहा।

**प्रोफेसर सिन्हाः** रमेश, बच्चों ने कोई गलत प्रश्न नहीं पूछा। मुझे भी तुम्हारा डांस देखना था इसलिए मैंने उत्तर नहीं बताया। 'ऑफ कोर्स आई स्टिल लव यू' एक समुद्री बजरा है जो अटलांटिक महासागर में रहता है। केप केनवरल, अमेरिका से होने वाले प्रक्षेपण यान का पहला चरण, उपग्रह को कक्षीय प्रक्षेप-पथ में छोड़ कर वापस आकर इस ड्रोन जहाज पर खड़ा हो जाता है। स्पेस-एक्स कंपनी ने वर्ष 2016 में जून महीने तक 3 उड़ानों को सफलतापूर्वक 'ऑफ कोर्स आई स्टिल लव यू' पर उतारा। इस बजरे की यह खासियत है कि आँधी तूफानों के बीच भी यह सटीक स्थिति पर $\pm 3$ मीटर में खड़ा रहेगा जो इसमें लगे जीपीएस और 4 डीजल चालित थ्रस्टर द्वारा संभव है। इसे स्वतंत्र रूप से और टेलीरोबोट द्वारा भी संचालित किया जा सकता है।

**चित्र-7.4: ऑफ कोर्स आई स्टिल लव यू**

रिमझिम, अब मैं तुमसे एक प्रश्न पूछता हूँ। प्रशांत महासागर में भी जो इस तरह का बजरा है जिसे स्वायत्त स्पेसपोर्ट ड्रोन शिप (एएसडीएस) कहते हैं, का क्या नाम है?

रिमझिम सारे बच्चों की तरफ देखने लगी। किसी को प्रश्न का उत्तर नहीं पता था। नयना ने तुरंत रिमझिम को गाना गाने के लिए कहा। रिमझिम के पास कोई चारा न था। अपनी मधुर आवाज में उसने एक सुंदर सा गीत सभी को सुनाया।

**प्रोफेसर सिन्हाः** तो रिमझिम, पासा उल्टा पड़ा न। उस बजरे का नाम था 'जस्ट रीड दी इन्स्ट्रक्शन्स'।

**बंटीः** प्रोफेसर अंकल, स्पेस एक्स क्या है?

**प्रोफेसर सिन्हाः** स्पेस एक्स यानि अंतरिक्ष अन्वेषण प्रौद्योगिकी निगम (Space Exploration Technologies Corporation) - यह एक अमेरिकन एयरोस्पेस निर्माता और अंतरिक्ष परिवहन सेवा कंपनी है जिसका मुख्य उद्देश्य अंतरिक्ष परिवहन

की लागत को कम करना और दूसरे ग्रहों पर रहने में सक्षम होना है। इस कंपनी ने फाल्कन 1 और पुनः उपयोग में आने वाले फाल्कन 9 प्रक्षेपण यान बनाए हैं जो वर्तमान में ड्रैगन अंतरिक्ष यान को सामान के साथ अंतरराष्ट्रीय अंतरिक्ष स्टेशन (आई.एस.एस.) पर भेज रहे हैं। अभी तक चौदह बार आई.एस.एस. को ये सामग्री भेज चुके हैं और साथ ही साथ अलग अलग तरह के उपग्रह का भी प्रक्षेपण कर चुके हैं । यह एक पूरी तरह से गैर सरकारी संस्था है जो उन्नत प्रक्षेपण यान और अंतरिक्ष यान की परिकल्पना, बनावट और प्रक्षेपण में लगी है। वर्ष 2011 में स्पेस एक्स ने कहा था कि वे प्रक्षेपण यानों का पुनः उपयोग करेंगे और मार्च 2017 में उन्होने यान के पूर्व में वापस उतारे प्रथम चरण का पुनः प्रक्षेपण किया।

**सूरजः** अगला प्रश्न मैं पूछूंगा दादा जी से। दादा जी, क्या हम एक पर्यटक बन कर अंतरिक्ष में जा सकते हैं और सबसे पहला पर्यटक कौन था?

**दादाः** बाप रे सूरज। इतने सारे प्रश्न? हाँ अब पर्यटक बन अंतरिक्ष में जाना संभव है, परंतु अवसर कम और बहुत महंगे हैं। सबसे पहला पर्यटक बनने का कीर्तिमान अमेरिका के श्री डेनिस टीटो के नाम है जो वर्ष 2001 में सोयूज अंतरिक्ष यान द्वारा 8 दिनों के लिए अंतरिक्ष में गए थे। तब से अब तक कुल सात पर्यटक अंतरिक्ष में जा चुके हैं और यदि मैं गलत नहीं हूँ तो अमेरिका के ही चार्ल्स सिमोन्यी दो बार पर्यटक बन जा चुके हैं।

**प्रोफेसर सिन्हाः** बिलकुल सही बताया दादा जी आपने। अभी तक अंतरिक्ष में पर्यटन केवल रूसी अंतरिक्ष संगठन द्वारा ही दिया जा रहा है, लेकिन वह दिन दूर नहीं जब हवाई जहाज की तरह अंतरिक्ष यान एक ग्रह से दूसरे ग्रह तक आते जाते दिखाई देंगे। स्पेस एक्स इसी दिशा में काम कर रहा है। अभी ऐसी कई योजनाओं पर काम चल रहा है जिससे अंतरिक्ष स्टेशन को होटल जैसे उपयोग में ला सकें। अमेरिका के मोटेल शक्तिशाली उद्योगपति रॉबर्ट बीगेलो ने नासा द्वारा छोड़ी हुई हवा भरे अंतरिक्ष निवास की परियोजना को खरीद कर उस पर खोज चालू रखी है। उनका बीगेलो विस्तार गतिविधि मॉड्यूल (बीम) फाल्कन 9 द्वारा ड्रैगन में जाएगा और एक रोबोट

आर्म द्वारा आई.एस.एस. में जाकर जुड़ जाएगा। भविष्य में ऐसे बीम चंद्रमा, मंगल या अन्य ग्रहों के लिए जाने वाले अभियानों में रहने के स्थान में वृद्धि कर सकते हैं।

नयना बहुत देर से नेहा को देख रही थी। उसके हाथ में एक कार का मोडेल था और उसका सारा ध्यान उसी पर था। नयना ने मौका देख कर बच्चों के लिए अगला सवाल दागा जो नेहा के लिए था।

**नयनाः** नेहा, अगले प्रश्न का जवाब तुम्हें देना है। स्टारमैन क्या है यह बताओ?

नेहा का सारा ध्यान लाल कार पर लगा था। वह गड़बड़ा गई और इधर उधर देखने लगी। बस क्या था, बुआ ने सजा सुना डाली। नेहा को मोनो एक्टिंग करनी पड़ी।

**नयनाः** नेहा, अभी अभी तुम लोगों को स्पेस एक्स के बारे में बताया था। स्पेस एक्स के फाल्कन 9 अंतरिक्ष यान में पेलोड या नीत भार के स्थान पर एक 2008 टेस्ला रोडस्टर कार को रखा गया। उस कार की ड्राईवर सीट पर स्पेस सूट पहने एक पुतला बैठा था जिसका नाम स्टारमैन था। यह टेस्ला कार अंतरिक्ष में भेजी जाने वाली पहली कार है। साधारण तया टेस्ट पेलोड में एक सीमेंट का ब्लॉक रखा जाता है, पर स्पेस एक्स के मालिक एलन मस्क ने उसी वजन की कार भेजने का सोचा। स्टारमैन एक इंसानी वजन का पुतला है जिसका नाम डेविड बॉवी के गीत स्टारमैन पर रखा है। इसका दायाँ हाथ स्टीयरिंग व्हील पर है और खुली खिड़की के सिले पर बाई कोहनी छोड़ दी गई है।

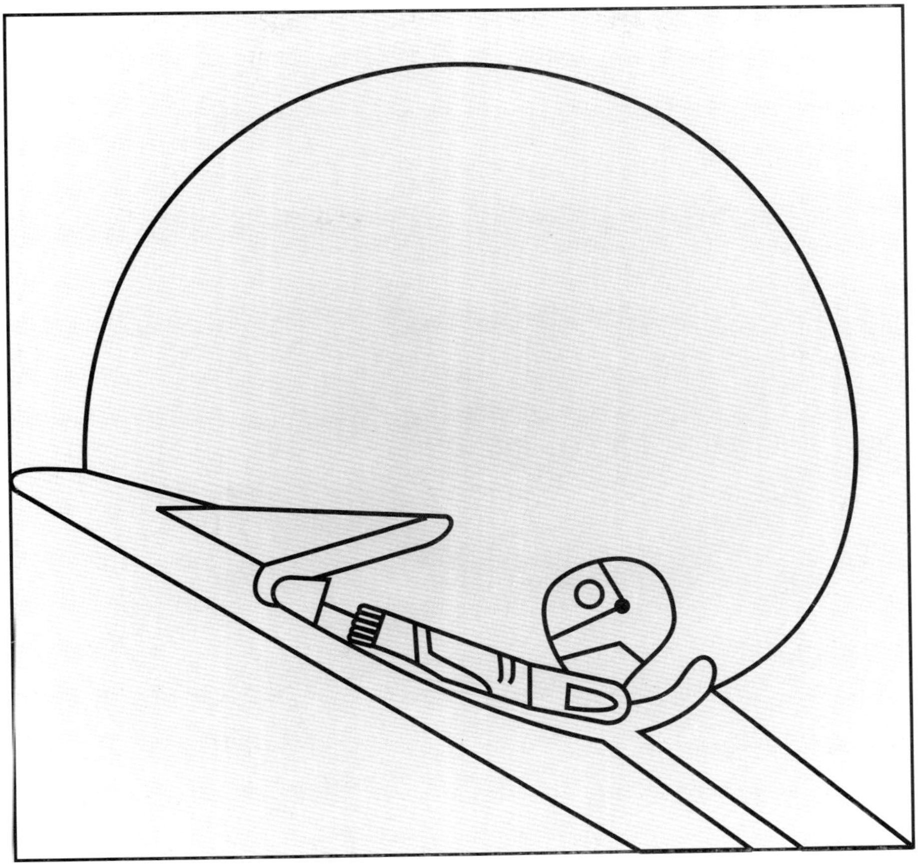

**चित्र-7.5: अंतरिक्ष में घूमती हुई टेस्ला रोडस्टर कार और स्टारमैन**

नेहा की आंखे खुली कि खुली रह गई। सभी बच्चे स्टारमैन की फोटो देख कर आश्चर्य कर रहे थे।

**नेहा:** बुआ, इसे कब प्रक्षेपित किया गया?

**नयना:** 6 फरवरी, 2018 को फाल्कन हेवी एफएच-001 प्रक्षेपण यान द्वारा इसका प्रक्षेपण किया गया। प्रक्षेपण के समय वजन करीबन 6000 किलोग्राम था। पृथ्वी का चक्कर लगाते हुए करीबन 4 घंटे तक इसके द्वारा पृथ्वी के चित्र मिलते रहे। कार को

एक हेलीओसेन्ट्रिक कक्षा में प्रक्षेपण किया गया था जो मंगल की कक्षा पार करेगा और सूर्य से 1.66 एयू की दूरी तक पहुंच जाएगा। यह मंगल ग्रह की कक्षा में प्रवेश नहीं कर सकेगी क्योंकि इसमें लगे हुए फाल्कन हेवी के ऊपरी खंड में मंगल कक्षा में प्रवेश करने के लिए प्रणोदक, हस्तक्षेप और संचार क्षमताओं की कमी है। यह कार ऊपरी खंड के साथ 12,908 किमी / घंटा की गति से पृथ्वी से दूर जा रही है।

बच्चों के प्रश्न धीरे धीरे समाप्त हो रहे थे। रात भी हो गयी थी। तभी सूरज ने एक आखिरी प्रश्न प्रोफेसर सिन्हा के लिए दाग दिया।

**सूरजः** सर, एक अंतिम प्रश्न। आर.एल.वी. क्या हैं?

**प्रोफेसर सिन्हाः** सूरज, मैं सोच ही रहा था कि अभी तक किसी ने पूछा कैसे नहीं आर.एल.वी. के बारे में। नयना तुम बताना चाहोगी जो मैंने क्लास में बताया था। वैसे भी बच्चों का कहना था कि पिछला उत्तर तुमने पूरा नहीं दिया था।

**नयनाः** जरूर सर। आर.एल.वी. का पूरा नाम पुनः प्रयोज्य प्रक्षेपण यान है और इस परियोजना को आर.एल.वी.-टीडी यानि प्रौद्योगिकी प्रदर्शन से जाना जाता है। यह इसरो की कम लागत वाली, विश्वसनीय और मांग पर अंतरिक्ष में पहुँच प्राप्त करने के लिए सर्वसम्मत समाधान देने की परियोजना है। इनकी एक लंबी श्रृंखला है जिसमें हाइपरसोनिक उड़ान प्रयोग (हेक्स HEX), लैंडिंग प्रयोग (लेक्स LEX), उड़ान प्रयोग (रेक्स REX) और स्क्रैमजेट प्रणोदन प्रयोग (स्पेक्स SPEX) शामिल है। मई 2016 में हेक्स का सफल प्रयोग हुआ।

**प्रोफेसर सिन्हाः** अब आज की इस पार्टी का आखिरी प्रश्न मैं पूछूंगा और वह भी जन्मदिन वाले बालक बंटी से। क्यों बंटी तयार हो उत्तर देने के लिए।

**बंटीः** हाँ प्रोफेसर अंकल। आप पूछिये तो।

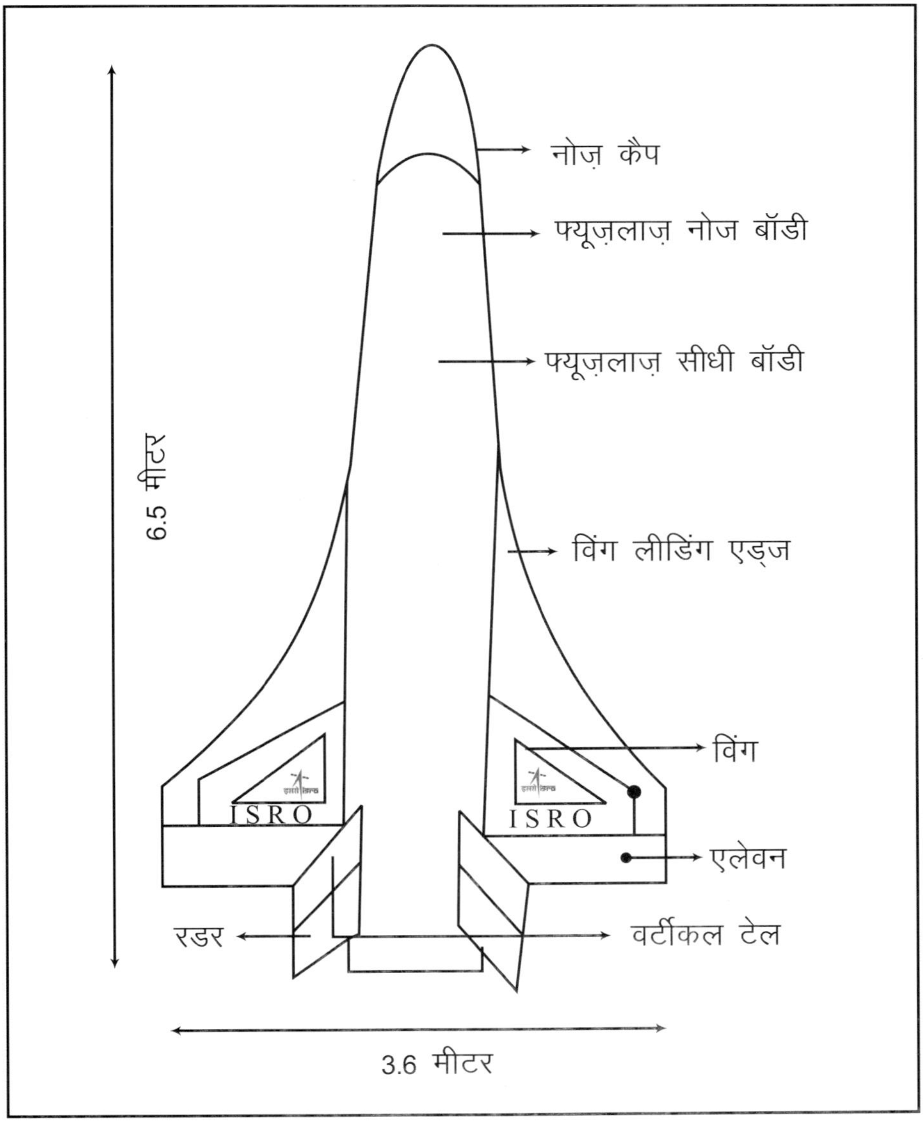


**चित्र–7.6: आर.एल.वी. का वाहन विन्यास**

**प्रोफेसर सिन्हा:** हमारे पूर्व राष्ट्रपति जो अंतरिक्ष से संबन्धित हैं, उनका नाम जानते हो?

**बंटी:** अरे यह तो बहुत सरल प्रश्न है। हमारे भूतपूर्व राष्ट्रपति श्री एपीजे अब्दुल कलाम अंतरिक्ष से संबंध रखते हैं। मुझे उनका पूरा नाम भी पता है।

**प्रोफेसर सिन्हा:** प्रश्न कुछ और ही है। उनके नाम से एक उपग्रह बना है। मुझे उस उपग्रह की जानकारी चाहिए। पता है किसी को?

सभी को सकपकाया देख कर प्रोफेसर सिन्हा हसते हुए बोले।

**प्रोफेसर सिन्हा:** कोई बात नहीं। मै बताता हूँ। इस उपग्रह का नाम कलामसैट है जो एक फेमेटो उपग्रह है। फेमेटो उपग्रह का वजन 10 से 100 ग्राम तक होता है। यह दुनिया का सबसे हल्का उपग्रह होने का दावा करता है। इसे पल्लपट्टी, तमिलनाडु से 18 वर्षीय रिफाथ शरूक के नेतृत्व में एक भारतीय हाईस्कूल छात्र टीम द्वारा बनाया गया था। इस दल ने नासा द्वारा आयोजित एक प्रतियोगिता "अंतरिक्ष में क्यूब" में भाग लिया था। नासा ने कलाम सैट को 22 जून 2017 को प्रक्षेपित किया। इसका वजन केवल 64 ग्राम था जो 3.8 सेंटीमीटर के घन में था। इसका प्रोब 3 – डी मुद्रित कार्बन फाइबर बहुलक से बना था। इसका जीवन काल 240 मिनट था। इसका कार्य समय 12 मिनट था जिसमें इसे 3-डी मुद्रित कार्बन फाइबर का अंतरिक्ष के सूक्ष्म गुरुत्वाकर्षण वातावरण में प्रदर्शन को प्रदर्शित करना था।

**नयना:** तो बच्चों, मजा आ गया न सबको। बहुत आनंद भी आया होगा और ढेर सारी जानकारी भी मिली होगी। प्रोफेसर सिन्हा सर, आपका बहुत धन्यवाद यहाँ आज आने के लिए और बंटी तुम सबको छोटे-छोटे मॉडल गिफ्ट देना मत भूलना जो तुम तिरुवनंतपुरम से लाये हो।

और आज के इस शानदार कार्यक्रम का समापन बंटी की कविता के बिना कैसे हो सकता है। तो हो जाये बंटी फिर।

**चित्र-7.7: कलाम सैट**

**बंटी:** जरूर बुआ, ये लीजिये।

मेरे जन्मदिन पर पायी सबने रोचक जानकारी,

अंतरिक्ष है विशाल, और इसमें नवीनता बहुत सारी।

सितारों के आगे जहां और भी है,

जिसे समझने की मैं लेता हूँ जिम्मेदारी

❑❑❑